# 珠宝手绘
## 设计原理与实例解析

唐明旭　著

人民邮电出版社

北京

图书在版编目（CIP）数据

珠宝手绘设计原理与实例解析 / 唐明旭著. -- 北京：
人民邮电出版社，2023.7
ISBN 978-7-115-60947-2

Ⅰ．①珠… Ⅱ．①唐… Ⅲ．①宝石－设计－绘画技法
Ⅳ．①TS934.3

中国国家版本馆CIP数据核字(2023)第017105号

## 内 容 提 要

本书系统全面地讲解了珠宝手绘与设计的方法和技巧。

全书共8章内容。第1~4章分别讲解了首饰的制作流程及效果图的表现方法、首饰手绘的基础知识、宝石的切割种类与绘制方法、首饰的金属工艺与绘制方法，帮助读者掌握绘画的方法和技巧，理解绘画对设计理念表达的益处；第5~7章通过对手部首饰、头部和颈部首饰及其他饰品的手绘实例的精细解读，向大家完整地展示了珠宝首饰的设计过程；第8章则为系列珠宝设计的手绘实训讲解，希望读者保持素材积累和练习的好习惯，不断创作出独特的优秀作品。扫描封底二维码并回复关键字，即可获取13集珠宝手绘案例教学视频、常见宝石及金属色卡、上色练习卡、首饰设计师养成手册及教学PPT等丰富的资料。

本书案例精美时尚，内容实用易学，不仅适合珠宝首饰设计专业的学生、珠宝首饰设计师和珠宝首饰设计爱好者学习使用，也适合作为相关机构的培训教材。

◆ 著　　　　唐明旭
　　责任编辑　王　铁
　　责任印制　周昇亮
◆ 人民邮电出版社出版发行　　北京市丰台区成寿寺路 11 号
　　邮编　100164　　电子邮件　315@ptpress.com.cn
　　网址　https://www.ptpress.com.cn
　　天津市豪迈印务有限公司印刷
◆ 开本：787×1092　1/16
　　印张：14.5　　　　　　　　　　2023 年 7 月第 1 版
　　字数：371 千字　　　　　　　　2023 年 7 月天津第 1 次印刷

定价：128.00 元

读者服务热线：(010)81055296　印装质量热线：(010)81055316
反盗版热线：(010)81055315
广告经营许可证：京东市监广登字 20170147 号

# 前 言

*preface*

珠宝设计及绘图是首饰设计师必须具备的职业技能。精美的珠宝首饰效果图通常是用来作为宣传物料或参赛作品的。天马行空的设计灵感如何落地成为成品，对首饰设计师来说至关重要。首饰设计师必须对自己的设计作品有一定的分辨能力，清楚设计图中的哪些部分可以实现，哪些部分不能实现，哪些部分可以用更好的方法实现。

目前，市场上关于珠宝首饰设计手绘的专业书籍较少，且其内容基本为纯手绘知识，几乎不涉及计算机后期处理的部分。很多首饰设计书籍仅将重点放在手绘效果的呈现上，但纯手绘是需要深厚的基本功支撑的，并且需要消耗较长的时间、较多的精力。这也让首饰设计的门槛一度很高，将一些有优秀想法，却不善于表达的潜在首饰设计师拒之门外。国内大多数首饰设计工作相对来说都是高强度的，纯手绘很难与较快的工作节奏和高效率的工作要求适配，这使得许多绘画基础尚可但实战经验薄弱的首饰设计师难以应对工作。

如何衔接理想与现实，提高工作效率，用最少的时间创作较完整且有手绘质感的效果图，是首饰设计的第一堂必修课，也是本书内容的重中之重。在本书中，笔者把自己多年的所学所感、工作经验，以及整理素材的方法，都以简单易懂的形式，毫无保留地分享给读者。笔者真心希望本书能够给每一位首饰设计爱好者和设计师带来帮助，更希望读者能够学以致用，提高工作效率，从而能够有更多的时间进行学习和自我提升。

本书在介绍基础知识的同时，归纳实用的方法，为读者指明设计方向。书中的珠宝首饰设计从无到有，由简及繁，从想法到实物，由单件到套装，再配合相关的实例，让读者能够一目了然。书中的内容包括不同绘画工具的使用方法和注意事项，多种透视的基本原理，宝石的基础知识、切割种类、绘制方法，金属的基础知识、多种加工工艺、不同的镶嵌方式等。通过对本书的学习，读者不仅可以了解珠宝首饰设计的基础知识，了解珠宝首饰设计的手绘技巧，运用计算机进行绘图，还可以学会如何收集素材、转换素材、整合素材，进而形成自己的素材库并运用到设计中。

扎实的基础是土壤，灵感是种子，勤奋与方法是阳光和水，笔者诚挚地希望每位读者都可以通过认真学习，让落在土壤中的种子在阳光和水的帮助下开花结果。

最后，感谢本书编辑的邀请和耐心帮助，感谢家人的支持和理解，更感谢每一位读到这里的读者。由于珠宝首饰设计所涉及的范围较广，因此如果本书中有未完善的细节，或大家在阅读过程中遇到任何问题，请与我们联系，期待能够一同探讨交流。

唐明旭

2023 年 2 月

# 目录
*contents*

# 第7章
## 其他首饰设计手绘实例表现 169

# 第8章
## 系列珠宝设计手绘实训 205

# 第 1 章

# 首饰设计的
# "前世今生"

——

从一闪而过的灵感到一套完整的首饰，中间要经历哪些过程？美学是人类一贯的精神追求还是现代人的物质享受？首饰是按材质分类，按佩戴位置分类，还是按文化风格分类？首饰就像一个既神秘又趣味十足的谜语，让人们充满了好奇。

# 首饰的概述及制作流程

## 1.1.1　首饰的概述

### 1. 首饰的定义

　　追溯至旧石器时期，当时的人类已经对美有了朦胧的认识，并开始有意识地对自身进行装饰和美化，那时便有了"首饰"这一概念的雏形。在早期的定义中，"首饰"仅指戴在头上的装饰品，多指钗、冠等。现代意义上的"首饰"则主要包含头饰、配饰、摆饰三大部分，并且在这三大部分的基础上又发展出了更多的分支，其发展壮大的趋势可见一斑。"珠宝首饰"常常与"财富地位""精巧珍贵"等词汇一同出现，这与首饰自身的价值和功能密不可分。

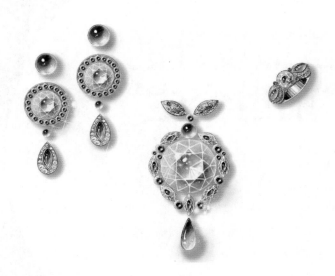

### 2. 首饰的功能

　　首饰主要有美化功能和社会功能，两者并非绝对对立，而是相互影响、相互渗透，它们共同丰富并完善了首饰文化，使其能够不断发展壮大。

　　美化功能是首饰最原始、最根本的功能，也是首饰的"灵魂"。爱美之心横跨时间、空间，深植于每个人的天性中。佩戴适合自己的饰品，可以起到扬长避短的作用。例如，脸型较圆的人，由于额骨、颧骨、两颊和下巴的曲线弧度较大，容易显得圆润、臃肿。这种脸型的人在选择首饰时，选择较长的耳坠、耳线、长吊坠、毛衣链等，能起到让他人的视线呈垂直移动的作用，在视觉上达到修饰效果。又如，纤白细长的手则可多佩戴较大、装饰性较强的戒指，以达到吸引注意力的效果。

　　珠宝的社会功能主要体现在等级制度森严的封建社会时期，其中以根据官员职务和地位高低以及佩戴场合等制作的朝珠最具代表性。朝珠对用珠、绦色、材质、品相等都有着明确的规定。《大清会典》记载，凡文职五品、武职四品及以上的官员，上朝时均需佩戴朝珠。清朝皇帝在祭天时需佩戴青金石朝珠，在祭地时需佩戴蜜蜡朝珠，在祭日时需佩戴红珊瑚朝珠，在祭月时则需佩戴绿松石朝珠。不难看出，不同场合中朝珠的材质有各自的讲究。此外，清朝的皇太后、皇后在穿朝服时，除需佩戴东珠外，还会在两肩斜挂两串红珊瑚朝珠，以示身份的特殊。首饰的社会功能不仅在我国有所体现，古埃及最高统治者的头饰的制作也集中了当时、当地的最高技术。古埃及在举行重大仪式时，会在法老的王冠上装饰特别的纹样，且上、下埃及法老佩戴的王冠的颜色不同。古埃及人物艺术表现手法"正身侧面律"中的"侧面"，也有部分展示头饰、表明地位的作用。此外，英国女王佩戴的"库里南二号"钻石也是其权力、地位的象征。

随着科学技术的进步、物质文化的丰富和人们认知水平的提升，现代首饰的包容度更高，材质也更广泛，但它的社会功能逐渐弱化。在当代，人们对首饰有了更多个性化的追求、更加宽泛的选择范围，而非仅仅局限于材质本身的价值。当今时代，设计带来的附加价值往往超越了首饰本身的价值，并且更能满足人们在精神层面的需求。

## 3. 首饰的分类

珠宝首饰可以从不同的角度进行分类，并细分出很多小类目。比较常见的分类方式有按首饰的制作材质分类、按装饰的部位分类、按面对的受众分类、按设计理念分类等。这些分类方式并无优劣之分，只看能否展现想要表达的内容。

从材质上，可按珠宝首饰主要使用的宝石进行分类，如翡翠玉石、红宝石、蓝宝石、珊瑚、祖母绿、钻石、虎眼石等属于贵重宝石，欧泊、托帕石、橄榄石、月光石等属于半宝石。在此基础上还可细分，如可将珊瑚按品种分为 Aka、Momo、沙丁等。也可按首饰中所含的主要贵金属进行分类，如黄金、K 金、铂金、银等。同样，在此基础上还可细分，如根据黄金的含量分为 24K 金、22K 金、18K 金、12K 金、9K 金等。

从工艺上，一般只有在使用较特殊的工艺时才会特别进行说明，如珐琅、螺钿、金银错、錾花、木纹金等工艺。此外，在相同工艺的不同分类中，较经典或较新颖的工艺经常会被强调，如在镶嵌工艺中，通常不会特意提及包镶、四爪镶，但无边镶、牛头镶、六爪镶等则经常被强调。在电镀工艺中，镀银、镀金很少被提及，而镀钛则会被强调。被强调的工艺大多具有一定的商业噱头，因此它们常在销售时被作为加分项。

从装饰部位上，首饰可分为头饰、颈饰、手饰、臂饰、胸饰、腰饰、脚饰等。在此基础上可细分，如头饰可分为发饰、耳饰、鼻饰等。按装饰同一部位的首饰的不同形制，还可继续细分，如可将耳饰分为耳坠、耳钉、耳环等。

从受众人群上，有较多的分类角度。按佩戴者的性别，可将首饰分为男用首饰和女用首饰。按佩戴者的年龄，可将首饰分为儿童首饰、青年首饰、中年首饰、老年首饰。也可按佩戴者的民族、地区、喜好等进行分类。由于人具有多面性，因此受众群体是交错复杂的集合。例如，二十岁左右、热爱 Hip-Pop 的亚洲女孩，这一分类就涉及性别、地区、年龄、喜好等诸多要素。

使用不同材质、不同工艺制成的珠宝首饰，在不同受众的不同部位佩戴，这就形成了一个基本的命名公式：宝石＋金属（＋工艺）＋受众＋器型。

以下为命名示例。

————————————»»»————— 提示 —————«««————————————

基础命名：糖塔祖母绿 18K 金珐琅女戒。

主石品类：糖塔祖母绿（糖塔是一种切割方式）。

材质：18K 金，即材质的主金属为 18K 金（18K 金为含
　　　金量约 75% 的贵金属）。

工艺：珐琅，即在金属基质表面添加珐琅颜料入炉烧制（饰
　　　品中常见的有掐丝珐琅、内填珐琅与空窗珐琅）。

受众：女（一般销售时会将受众群体范围适当模糊，以扩
　　　大潜在的消费群体）。

器型：戒指（装饰于手指部位的首饰）。

## 1.1.2　首饰的制作流程

### 1. 整体流程简介

　　每一件珠宝首饰的制作都需要耗费大量的时间、精力。珠宝首饰经过复杂的工艺，融入设计师和工艺师的心血，才能散发璀璨的光芒，演绎经典与时尚。

　　一般来说，可将首饰的制作流程概括为设计、制图、建模、铸造、镶嵌、抛光等 6 个步骤。

　　首先需要确定的是具体的设计要求，设计师根据客户的要求和自己的设计经验完善设计稿。由于客户对首饰的想法与实际落地的产品有一定的差距，因此要想让设计师能够更加透彻地理解客户的需求，就需要客户与设计师互相配合、互相尊重，这样才能使最终的成品接近完美。在与客户进行深入沟通后，设计师需要精心绘制三视图、效果图，从而让客户能够较为直观地感受产品的整体样式、风格。在完成效果图之后，选择需要的工艺，并确定加工工厂，与工艺师进行沟通。目前，国内大部分的首饰公司都会选择同时与多家工厂进行合作，而不是建立自己的工厂。在这种情况下，公司会在确定设计图后，优先选择与该设计适配度最高的工厂进行合作。如需建模，则需要和建模师沟通。对于来石定制最好先扫描宝石，以获得精确的尺寸。现代首饰多为批量生产，因此一般选用 3D 软件起版，常用的 3D 软件有 CAD，这样做的好处是可以快速排石、修改。此外，首饰样板确定之后，批量生产时还可以得到精确的数据，能够满足快速、精确、批量化的生产要求。起版后，公司会收到工厂发来的 3D 模型图稿，其中对具体的尺寸、预估的金的克重、整体的成本等都有详细的标注。公司可以在这一阶段对产品进行基本判断，如是否需要微调尺寸、是否需要控制重量、是否有盈利空间等。确认生产后，工厂会制作蜡模，蜡模通常用 3D 打印技术来打印，十分精确、方便。需要积攒一定数量的蜡模，然后再"种"蜡树。较小的工厂或工作室之所以出品较慢，也是与此相关。蜡树"种"好后进行铸造，铸造的金属会略显粗糙，且有部分多余的金属，这时便需要进行执模。执模是指对首饰毛坯进行精心修整的工序。完善金属加工后进行镶嵌，将主石、配石固定在各自的镶口上。最后进行表面处理，即抛光、电镀或喷砂等，从而进一步提升整件首饰的质感。

　　公司日常单的设计流程如下。

设计主题包括品类定位、内涵表达、设计元素、材质选择。同时设计师需要思考主材（如宝石）的含义与首饰风格是否相符，如何将价值最大化等问题。设计师设计图稿时，需要注意形式美、色彩美、结构美、有灵魂的表达等审美规律。形式美包括整齐一致、对比适度、调和统一、比例均衡、节奏与韵律有美感等。色彩美包括每种颜色所占比例恰当、整体均衡、有亮点与点缀、主次分明等。结构美主要包括组件之间的关系合适、机关设计流畅等。而"有灵魂的表达"则要求有虚实之分，"实"要求能够表达设计元素的内在联系，使设计元素的感情和意向能够被完整地表现出来；"虚"则要求设计元素之间的逻辑关系完整，设计元素的载体的材质形态、造型色彩等都有自己的语言。

在选择配料时，要对常用的宝石及其价格有一定的了解。常用的宝石可按颜色进行分类，红色的宝石有红宝石、红色石榴石、红色碧玺、红色尖晶石、红珊瑚等。蓝色的宝石有蓝宝石、海蓝宝石、蓝色坦桑石、托帕石等。绿色的宝石有翡翠、祖母绿、绿色碧玺、橄榄石等。黄色的宝石有黄水晶、黄色碧玺、黄色刚玉、琥珀等。紫色的宝石有紫水晶、紫龙晶、紫翡翠、紫色坦桑石等。白色的宝石有白水晶、珍珠、月光石、白翡翠、白欧泊等。黑色的宝石有墨翠、黑欧泊、黑曜石、黑玛瑙等。很多常用的宝石有多种颜色，颜色不同，价格也会有所差异，如石榴石有橙色、红色、紫色、绿色等，近年来橙色石榴石价格猛涨。

宝石首饰设计中用到的金属的种类不多，主要有 K 红、K 黄、K 白、K 黑、铂金、钛金、银、铜等。

在工艺上，主要分为珠宝工艺和金属表面处理工艺。珠宝工艺包括切割（经过刻面、素面的宝石，比原石更加璀璨夺目）、镌刻（如在宝石上做出各种人物、动物图案，让饰品能够表达更复杂的内容）、镶嵌（包镶、爪镶、珠镶、轨道镶等各种连接方式）。金属表面处理工艺包括电镀、包金、鎏金、贴金、烧蓝、喷砂等，它们可以使珠宝首饰的表现形式更加丰富。

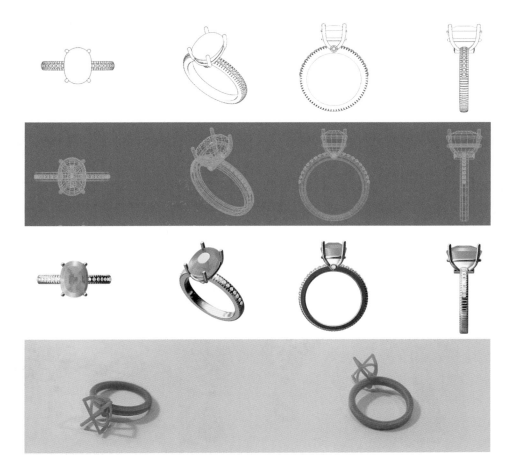

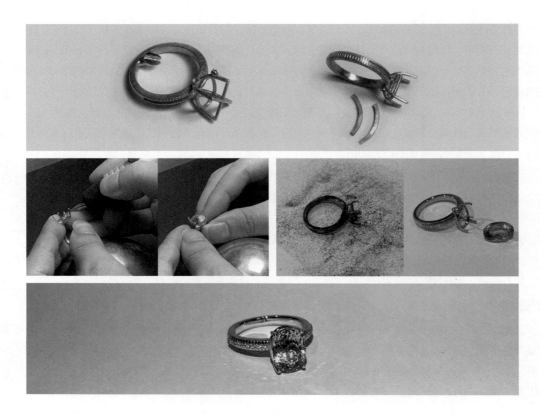

## 2. 古今首饰制作

首饰可以作为一个时代经济、政治、文化、审美和技术等方面的综合外在表现形式。古今首饰制作有诸多相通但不尽相同之处。

在材质上，古今首饰均以金、银等贵金属和天然宝石为主。但随着现代科学技术的发展，产生了许多可用于首饰制作的新材质。如利用热缩片制作首饰，便是从现代开始的。这类首饰的主要特点是快销，其以成本低廉、制作简单、关联度高等优点深受大众喜爱。合成树脂、合成立方氧化锆、肥皂等材料也越来越多地被运用于首饰制作中。

在工艺上，现代的首饰制作工艺更加丰富。随着交通、通信的便利程度不断提升，各国之间的技术交流更为深入和密切，现代首饰的制作可以集多种工艺于一身。值得一提的是失蜡铸造法，这一工艺始于春秋战国时期，并沿用至今，是我国古人智慧的结晶。虽然失蜡铸造法的方式技法在传承的过程中有所改变，但本质和原理依旧相通。科技的发展和进步，使得工艺师在制作蜡模时可以借助相应的建模软件，从而制作出特别精致的细节。但从整体工艺上来看，失蜡铸造法仍然是通过大量运用脱蜡技术来进行铸造的。

随着社会的发展，人们日常的发型、服饰已经发生变化，如今步摇、簪、钗等首饰已经不再是人们日常生活中主流的首饰类型。

总之，现代首饰种类的多元化、材质的多样化以及科学技术的不断发展，共同决定了首饰的制作流程并不是单一的，甚至一些看似并不相关的进步，也都在某种程度上促进了首饰制作的发展。

# 1.2 首饰效果图绘制方法

## 1.2.1 传统绘制方法

　　传统手绘效果图是一种较为常见的效果图。手绘的主要步骤都是相通的，通常根据所使用的工具来命名画法。手绘极其考验设计师的基本功，其优势主要在于效果的真实感、高级感以及一定的"温度"。由于手绘不易修改，因此需要在每次下笔前进行认真的思考。手绘的每个步骤都可以明确地体现出效果图的细微变化，便于及时进行调整。下面主要介绍手绘效果图的不足之处。

　　首先，对于需要重复绘制的部分，无论是线稿、上色还是完善环节，都需要反复进行多次，过程十分繁杂。其次，传统手绘方法在制图时使用的比例通常为1:1，这就导致绘制首饰细节部分尤其费神费力，有时甚至需要使用放大镜，或者只能配合等倍数放大的配图进行表达，这显然增加了工作难度和工作量。再次，除了十分稳重、细心的成熟设计师外，其余设计师在上色和刻画细节时，或多或少都容易出现一些小问题。即使及时复制了线稿，在产生不能修改的错误时，也需要从头再来。此外，设计师在一开始选择卡纸时，较难确定卡纸的颜色与整体色调的搭配效果是否是最佳的。但开弓没有回头箭，整个手绘效果图都是在预先选好的卡纸上完成的，如果在绘制过程中发现颜色不合适，也不方便更换卡纸。最后，计算机绘制或手绘加计算机绘制的制图方法的成本相对较低。

## 1.2.2  计算机绘制方法

　　使用计算机绘制的珠宝首饰设计稿便于修
改，效果也很完美。使用 Photoshop 进行绘制，
通常会用到画笔、橡皮擦等基本工具，以及图
像菜单中的调整命令和图层菜单中的图层样式
命令等修饰细节。计算机绘制的最大优点在于
这种方式极大地缩减了绘制内容，节省了绘制
时间。计算机绘制最为明显的缺陷是很难表现
出同手绘一样的质感。计算机绘制的设计稿画
面在整体上会显得比较生硬，并且由于绘制得
过于规范而缺少艺术感。

## 1.2.3  iPad 绘制方法

　　使用 iPad 绘制珠宝首饰的设计稿是一种比
较新颖的方法。该方法涉及计算机绘制和手绘，
工具简单便携，其绘制效果既逼真，又有手绘
的质感。iPad 绘制的难点是掌握计算机绘制和
手绘的平衡点。

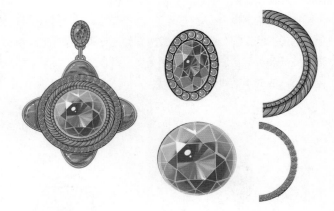

## 1.2.4  综合绘制方法

　　笔者最常用的是综合绘制方法，即手绘和
计算机绘制相结合。这种方法既保留了手绘的
质感，又降低了手绘的难度，提升了设计稿整
体的完整度与质量。常用的综合绘制方法为：
手绘部分（画草图、描线稿、上色）+ 计算机
后期（微调、排列、完善）。

第 **2** 章

# 首饰手绘的
# 基础知识

———

首饰手绘是将绘画与设计结合的一个门类。设计部分以原理、审美等为主要内容，用到的工具较少。绘画部分包括一些通用知识，如透视、三视图等，涉及的门类包括但不限于水粉、马克笔和数码绘画。本章以首饰手绘中常用的工具为主线进行介绍，侧重点为珠宝首饰手绘相关的内容。

# 2.1 工具的介绍与用法

## 2.1.1 常用的手绘工具

### 1. 基础工具

#### 铅笔

铅笔是基础的绘画工具，如今石墨铅笔已经有了较为成熟的分类体系，主要分为 H 级与 B 级。H 为 Hardness 的首字母，代表铅芯偏硬、墨淡；B 为 Black 的首字母，代表铅芯偏软、墨深。在 H、B 前用数字表示铅芯的软硬程度。在 H 级中，数字越大铅芯越硬，以 9H 和 H 为例，9H 的硬度大于 H；在 B 级中，数字越小铅芯越硬，以 9B 和 B 为例，B 的硬度大于 9B。HB 处于 H 级与 B 级之间，常用于一般情况下的书写。

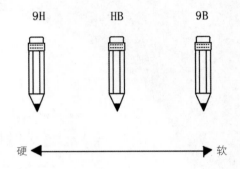

除用纯线条表现的首饰效果图外，珠宝首饰手绘中大多使用 B~2B、0.3mm、0.5mm 的自动铅笔，这类铅笔比较适合用于绘制珠宝首饰效果图的线稿和草图。此外，自动铅笔便于携带，且不同直径的自动铅笔可以替换不同硬度的笔芯，非常方便、实用。

#### 橡皮

橡皮也分为不同种类，如软橡皮、硬橡皮、橡皮笔、电动橡皮擦等。在绘制珠宝首饰设计稿时，常用的橡皮为 2B 橡皮和 4B 橡皮，除了需要"方块"橡皮擦除面积较大的铅笔线外，还需要带有握柄的"橡皮笔"来处理图中的细节。相较于其他橡皮，橡皮笔更易控制，便于携带，并且笔芯可替换，非常方便、实用，是绘图时必不可少的工具。

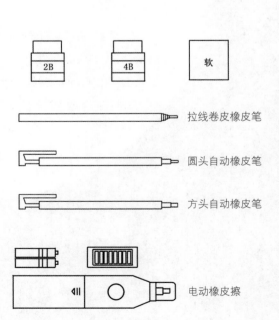

拉线卷皮橡皮笔

圆头自动橡皮笔

方头自动橡皮笔

为了保持工作环境的干净整洁，可以适当地使用桌面清洁器。桌面清洁器可以有效地清理橡皮屑、铅笔屑等。

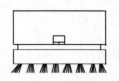

桌面清洁器

电动橡皮擦

## 针管笔

针管笔常用于描边和勾线,有一次性针管笔和可重复灌墨水的针管笔两种款式。针管笔颜色丰富,可以在各种材质的纸上进行勾线。一次性针管笔常用的颜色是金属色和宝石色。可重复灌墨水的针管笔既可以用直接灌墨水的方式补充墨水,也可以用简易可替换墨胆补充墨水。在绘制首饰效果图时,常用的针管笔笔尖尺寸为 0.1mm、0.3mm、0.5mm,常用的墨水颜色为黑色和白色。

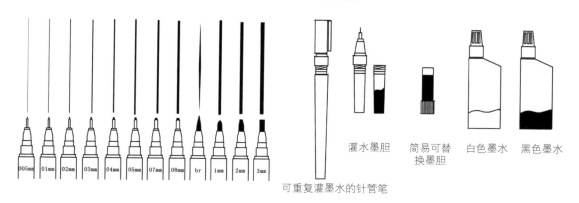

灌水墨胆　　简易可替　　白色墨水　　黑色墨水
　　　　　　换墨胆

可重复灌墨水的针管笔

## 尺子

在珠宝首饰设计中,图纸都是比较规范、严谨的,因此尺子是珠宝首饰设计稿绘制过程中不可缺少的工具。常用的尺子类型有直尺、丁字尺、三角尺、模板尺、云尺、蛇形尺、推尺等,熟练、正确地使用尺子可以令绘制过程事半功倍。

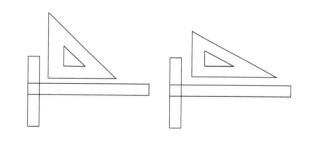

将丁字尺和三角尺配合使用,可以画出各个角度的辅助线,从而使设计图更加精准。

模板尺的种类较多,绘制宝石时常用圆形模板尺、椭圆形模板尺,以及其他形状模板尺。

圆形模板尺上有 24 个大小不一的圆形。

椭圆形模板尺上一般有 4 个椭圆形。

其他形状模板尺上的图形多为常见的宝石首饰中的宝石形状,如圆形、椭圆形、方形、水滴形等。

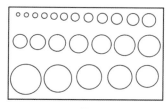

圆形模板尺

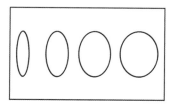

椭圆形模板尺

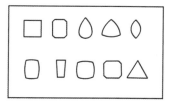

其他形状模板尺

云尺和蛇形尺一般配合模板尺使用。在首饰绘制中，设计师的想象力十分丰富，因此在很多时候，首饰的结构并不是十分规则。此时，漂亮的曲线就需要用有各种弧度的云尺和蛇形尺来表现。

云尺又称曲线尺，有多种大小和角度，需要通过长期使用才能熟练掌握不同角度的曲线的绘制。

蛇形尺整体为软胶材质，可随意弯曲，相对容易掌握，设计师可以自行将其调整为任意角度。但是蛇形尺相对来说不够精确，因此建议将其作为辅助用具来使用，绘制时仍以标准模板尺为准。

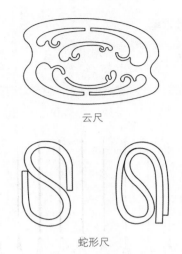

云尺

蛇形尺

椭圆曲线模板尺常用来绘制手链、项链等首饰。

椭圆曲线模板尺

推尺又叫平行滚动尺，主要用于绘制平行线。一般的推尺带有量角器，可以利用量角器绘制圆形、三视图辅助线等。

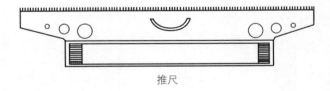

推尺

**用推尺绘制三视图辅助线的方法示例**

绘制平行线、垂直线、斜线。绘制一条横线；向下移动推尺，绘制一条该横线的平行线；根据量角器刻度，在适当位置绘制一条垂直线；向右移动推尺，绘制一条该垂直线的平行线；根据量角器刻度，绘制一条45°斜线；通过移动推尺并借助量角器，在垂直线的各个交点处，各绘制一条45°斜线的平行线；绘制各条斜线的垂直线。

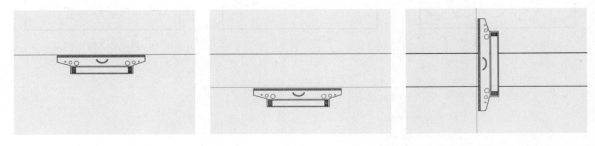

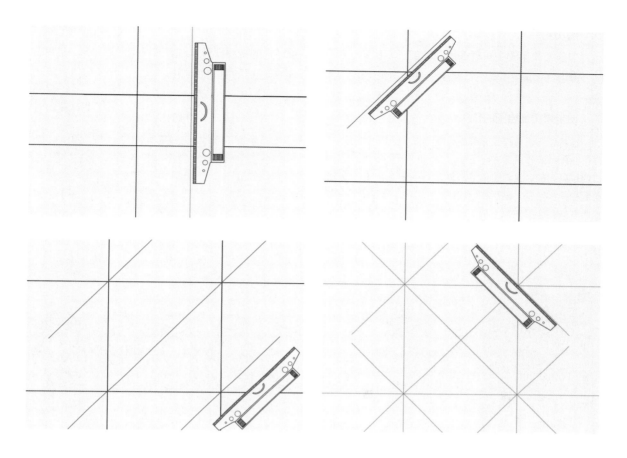

## 圆规

　　圆规是用来画圆或圆弧的工具，在绘制首饰效果图的过程中，常被用来绘制平铺的项链、手链以及有规律的几何形状。此外，圆规还经常与三角尺等其他辅助工具配合使用。有中央调节轮的圆规，能够较为准确地调节半径以及进行固定，可以更准确地进行制图。

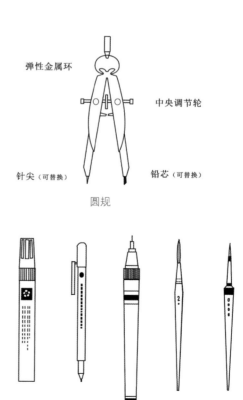

弹性金属环　　　　中央调节轮

针尖（可替换）　　　铅芯（可替换）

圆规

## 高光笔

　　高光笔有纯白色和有色彩两种。纯白色的高光笔可以用于使用针管笔、圆珠笔、水粉颜料等工具绘制的图稿中，图稿中比较简单的地方也可以直接留白。有色彩的高光笔则需要根据所选取的工具和具体材质进行选择。

## 拷贝纸

在首饰效果图中有很多重复的部分，例如一条项链、手链中的重复部分，或者左右相同的耳饰，亦或是同一套首饰中的重复部分。此时，在拷贝纸上进行绘制可以使制图更加便捷、准确。

### 使用拷贝纸绘图的方法

在拷贝纸正面描绘完善的线稿；在拷贝纸背面描出与正面对应的线条；然后在制图纸上反复绘制相同的线稿；最后在制图纸上适当调整线稿即可。

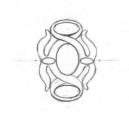

草稿

拷贝纸

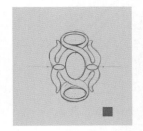

拷贝纸正面

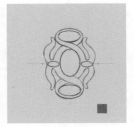

拷贝纸背面

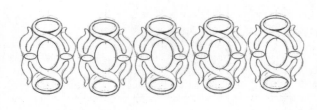

拷贝纸和普通的纸相似，有不同的克重，克重越小的拷贝纸的透明度越低。在绘制珠宝首饰时，推荐使用 180g 的拷贝纸，这个克重的拷贝纸不易破损，可以多次使用。另外，拷贝纸是试色的好工具。在绘制线稿后，可以用纸张直接蒙在拷贝纸上，然后在纸张上面涂颜色。其优点是不需要多次描线稿试色，可以直接用水进行修改。当然，在有扫描仪等计算机设备的情况下，用计算机试色特别方便实用。

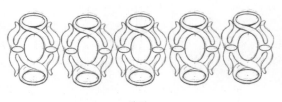

线稿

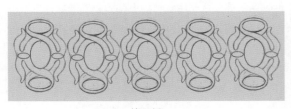

拷贝纸

试色 1

试色 2

### 纸

纸张的类型非常多，每种纸都有适合它的媒介，纸张和它上面的绘图材质是需要相互匹配的。

在传统的珠宝首饰手绘中，最常用的是各种灰色的哑光卡纸，通常选取 160g 左右、吸水性较强、质地较好的深灰色卡纸，这种纸适合与水粉颜料一同使用。马克笔无论是水性的还是油性的，都会产生不同程度的透纸现象，它适合光滑且厚实的纸张。在上色时，要确定马克笔的颜色不会透到下一张纸上。彩色铅笔在有细小纹理的纸张上最容易上色。

## 2. 可选工具

### 水粉颜料

水粉颜料在无水或少水时不透明、覆盖力较强，可以用于颜色较深的纸上，且能够多次修改。水粉颜料有管装和罐装之分，其价格区间较大。可以通过混合不同颜色的水粉颜料，调出常用的颜色，如在首饰绘制时，常用的金属色、宝石色等。

在首饰绘制时，除水粉颜料外，还需配合使用其他工具，如水粉笔、调色盘、海绵、涮笔筒等。

水粉笔根据笔头形状可分圆头、扁头、尖头等；根据用毛材质可分为动物毛、人造毛等。水粉笔的型号有大有小，由于水粉笔存在毛质的不同，笔的软硬、吸水量也不同，因此需要设计师根据自己描绘的物品，以及自身习惯和爱好灵活地选择水粉笔。水粉笔在每次使用后，都需要洗净、晒干，并妥善保存，以免笔毛受损。

在首饰绘制时，常使用小号的动物毛圆头水粉笔，如果经济条件允许，最好准备两到三支，分别用来画浅色和画深色。相应地，清洁画笔的涮笔筒也推荐同时使用两个，一个用来清洁画浅色的笔，另一个用来清洁画深色的笔，或者直接购买有分区的涮笔筒。每次需要更换颜色时，都需要将笔洗净。海绵和面巾纸可以用来控制笔的含水量，只要运用得当，就可以更快、更好地掌握绘制水粉画的技巧。调色盒或调色盘是用来预调颜色的，它们的功能相近，主要有陶瓷和塑料两种材质。

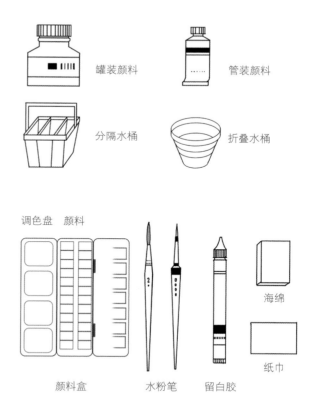

罐装颜料　管装颜料

分隔水桶　折叠水桶

调色盘　颜料

颜料盒　水粉笔　留白胶　海绵　纸巾

#### 马克笔

马克笔主要分为水性马克笔、油性马克笔、酒精性马克笔和酒精油性马克笔。

水性马克笔的笔触清晰，颜色稳固，但不易叠加上色。油性马克笔画出的颜色能溶于酒精，不溶于水，且其覆盖能力强、色彩鲜艳，但不够通透。酒精性马克笔画出的颜色色彩透明，但持久性较差，有些品牌的酒精性马克笔具有渐变色，非常实用。目前来说，酒精油性马克笔是比较好用的马克笔，它同时具有酒精性马克笔和油性马克笔的优点。在绘制效果图时，要充分考虑各种马克笔的优缺点，根据所画物品及个人习惯和喜好挑选适合自己的马克笔。

马克笔的笔尖有多种类型，可以根据绘画习惯和画面需要选取合适的色彩和笔尖类型绘制效果图。

此外，相同的马克笔在不同的纸张上会呈现不同的效果，并且马克笔含墨量的多少也会对其所呈现的效果产生影响。

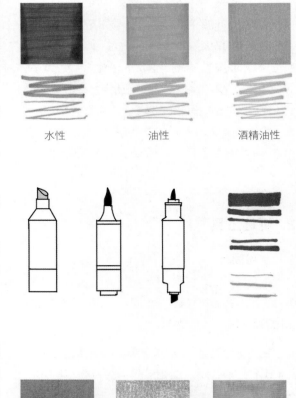

水性　　　油性　　　酒精油性

#### 彩铅

彩铅主要分为水性彩铅和油性彩铅。水性彩铅能溶于水，可加水湿画也可直接干画；油性彩铅的笔触相对水性彩铅来说更加细腻。两种彩铅都有不同的硬度和丰富的色彩。

除颜色不同外，彩铅和铅笔在其他方面十分相似，它们的辅助工具也基本相同。例如，橡皮、转笔刀、接笔器等。

油性　　　水性干画　　　水性湿画

## 2.1.2　常用的计算机绘图工具

### 1. 软件

用于绘图的计算机软件有很多，常用的有 Adobe Photoshop、Adobe Illustrator、Easy PaintTool SAI 等。笔者在进行珠宝首饰绘制时所使用的软件是较为传统的 Photoshop。本书所示案例对 Photoshop 的版本没有过多要求，只需与计算机配置等相匹配即可。Photoshop 的功能十分强大，可以用于平面设计、摄影修图、界面设计、网页设计、绘画等多个领域的工作中，在这里只需用到其绘画和修图部分的功能。

### 2. 扫描仪

扫描仪是一种捕获影像的装置，主要用于手绘与计算机绘制的衔接部分，一般使用办公常用的平板式扫描仪即可。由于珠宝首饰效果图的尺寸一般不大，因此在选购扫描仪时，可以选择幅面尺寸为 A4 的。扫描时，将机器平稳地放置于桌面上，然后连接计算机，设置其分辨率为 300dpi，设置其图像类型为彩色。可以先预览，然后进行调整，如调整亮度、对比度等参数。如果颜料未干，或者颜料本身的附着性较强，则需要定期清理扫描仪。

## 3. 手绘板

手绘板又名数位板、手写板。在设计之初，手绘板是为不熟悉键盘输入的人设计的在计算机上输入文字的工具。随着科技的发展，软件功能的提升，现在的手绘板已经能够在计算机上代替画板模仿传统绘画了，并由此衍生出更多种类和风格的数码绘画。手绘板常用的参数为压感，即模拟纸笔绘画时笔尖对纸面的压力，可以通过调整压感数值的大小模仿更贴合实际的线条笔触。现在，常见的游戏动画普遍都是通过数位板在计算机上运用软件绘制而成的。传统的珠宝首饰绘图虽然没有用到计算机，但是随着工作节奏的加快等客观原因，计算机绘制逐渐成为国内珠宝绘图的流行趋势。

由于在本书的画法中，主要是通过计算机进行调整而非完全在计算机上绘画，因此选择价格较低的手绘板即可。手绘板由板、压感笔、数据线及一些可选的小配件组成。

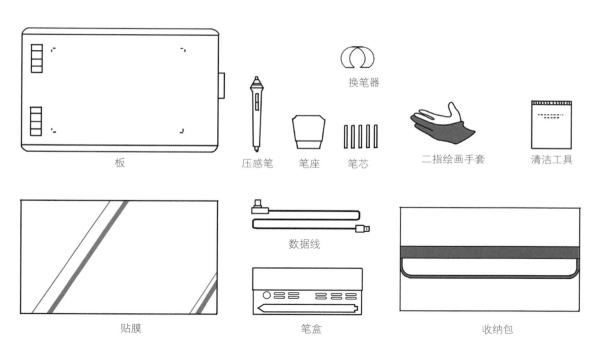

板　　　压感笔　笔座　笔芯　　二指绘画手套　清洁工具

数据线

贴膜　　　　　　笔盒　　　　　　收纳包

## 4. 拷贝台

拷贝台主要分为主体部分和充电部分。其中，拷贝台的主体部分尺寸一般为 A4、A3 和 A2 等，绘制珠宝首饰时使用 A4 尺寸即可。拷贝台中间白板的位置为发光板，通常由白光、黄光、暖光 3 种光源组成。光的明暗程度可以在一定范围内进行调节。白光适合偏黄的纸张和彩色的底稿；黄光适合稍带纹理的纸张；暖光适合打印纸等白色的纸张。拷贝台的充电部分只需匹配接口对应的充电器即可，电源可用固定电源、移动电源或笔记本等，一般建议使用 10000mAh 以上的。其他可选的配件有隔墨垫、图钉磁铁、拷贝台支架等。隔墨垫的作用是保护底稿，图钉磁铁主要用来固定纸张，拷贝台支架用来调节拷贝台的放置角度。

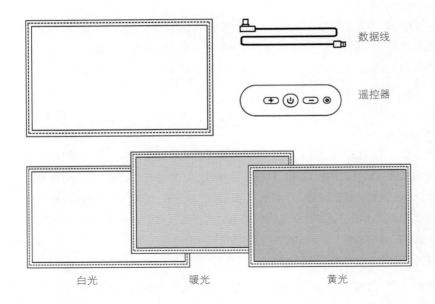

数据线

遥控器

白光　　　　　　　　　暖光　　　　　　　　　黄光

**拷贝台的具体使用方法**

将拷贝台调节到合适的角度，连接
电源，在拷贝台的白板处放置底稿，然
后在白板上固定成稿用纸。调节光源至
合适的亮度，用铅笔拓出底稿图案。

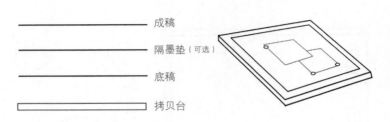

成稿

隔墨垫（可选）

底稿

拷贝台

## 2.1.3　iPad 手绘工具

iPad 是非常实用的绘图工具，在运用熟练的情况下，可以代替纸笔、计算机，且更便于携带。

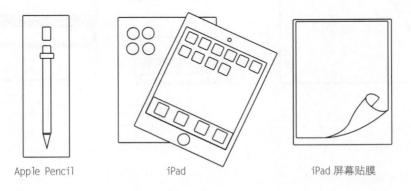

Apple Pencil　　　　　　　　iPad　　　　　　　　iPad 屏幕贴膜

### 1. iPad 的选购

目前，市面上的 iPad 款式非常多，选购能够满足设计和绘图的基本需求的款式即可。相较而言，较大尺
寸的屏幕更便于绘图，因此可以选择屏幕大小为 11 英寸或 12.9 英寸的 iPad。此外，因为设计师需要经常画
图、选图、看图，所以内存为 128GB 或 256GB 的 iPad 更好，能保存更多图片。

## 2. Apple Pencil 的选购

Apple Pencil 与手绘板的压感笔相似，其功能十分强大，能够根据笔尖压力的不同进行不同笔触的绘制，使用起来十分方便。Apple Pencil 有很多类似快捷键的操作，运用得当能够提高绘画效率。在选购 Apple Pencil 时，只需选择能够与自己的 iPad 匹配的即可。

## 3. iPad 保护膜的选购

如果 iPad 在多数时间内是用来绘图的，那么一定要选用 iPad 保护膜中的纸质膜，这样在绘画过程中笔尖才不会打滑，并且能够感受类似纸张的效果。

## 4. iPad 手绘软件 Procreate

在 iPad 上可以使用的手绘软件有很多，如 Procreate、SketchBook Pro、Adobe Draw、MediBang Paint。

其中，Procreate 是 iOS 平台上最热门的专业绘图软件之一，它功能强大、实用性强、易于上手。Procreate 既保留了手绘质感，又能在一定程度上对图像进行优化、修正。Procreate 是与 Apple Pencil 搭配得较好的绘图软件，也是当下较火的平板绘画 App，它操作直观、功能强大。设计师不但可以选择 Procreate 中的应用笔刷样式，而且可以为每一个笔刷设置参数，让笔刷呈现更多的表现效果。Procreate 的基本操作近似于 Photoshop，适合各类专业的设计师使用。

SketchBook Pro 的主要特点是仿手绘的效果非常逼真，其界面新颖动人、功能强大，是喜爱手绘的设计师的不二之选。SketchBook Pro 的笔刷工具包括手绘常用的铅笔、毛笔、马克笔、油画笔、水粉笔等。

Adobe Draw 与在计算机上使用的 Illustrator 较为相似，是一款矢量图绘制软件，用它绘制的图无论怎么放大或缩小，都不会模糊，比较适合用于 Logo 设计或印刷类设计。另一款绘制矢量图的软件 Adobe Draw，在绘图时也非常轻便快捷。

MediBang Paint 更适合用于绘制漫画，这个软件中的工具完全免费，它们拥有精炼的设计，容易上手，用户可以轻松掌握。MediBang Paint 中比较实用的功能有"抖动修正""画布翻转""提取线稿"等。

Procreate

SketchBook Pro

Adobe Draw

mediBang Paint

# 2.2 上色的基本技法

## 2.2.1 水粉上色技法

水粉画的画法主要分为干画法、湿画法和干湿结合画法 3 种。如果工具种类和加水量不同，那么即使运用同一技法，画面的表现效果也会不同。

干画法是指在绘制时挤干笔头所含的水分，再进行调色，并且在调色时不加水或者只加入少量的水。湿画法是指在调色时，水粉颜料较少、水较多，这种画法呈现的画面效果比较通透。在掌握以上两种画法的基础上，可以根据需要表现的画面效果将两种画法结合运用，可以用在同一个宝石上，可以用在整幅画面中的金属和宝石的不同部分，也可以用来更好地区分首饰主体和背景。

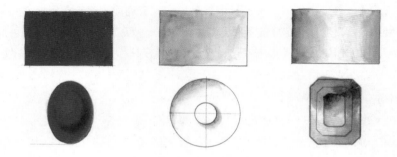

使用不同的笔法进行绘制会产生不一样的绘画效果。基础的笔法有摆、点、扫、揉、拖等。摆、拖和揉相似，多用于对面积较大的部分进行纯色打底；扫、点则多用于绘制高光、纹理等。

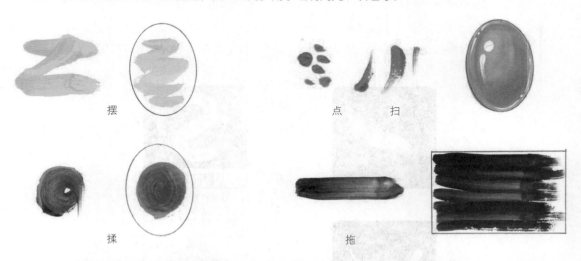

摆　　　　　　　　　点　扫

揉　　　　　　　　　拖

在绘制珠宝首饰时，如果以水粉为主要颜料，那么底色可以选择中间色，即灰色。因为水粉颜料有较强的覆盖能力，并且可以通过晕染的方式将衔接的地方处理得非常自然，所以在加深颜色和提亮颜色时，都很容易操作。

## 2.2.2　马克笔上色技法

马克笔显色度高、颜色透明、速干且为笔形颜料，非常方便携带，是实用度很高的绘画工具。

马克笔的主要笔法有排笔、扫笔、点笔和叠笔。排笔是最基础的笔法。由于马克笔的笔头有不同的宽度和方向，所以可以排出不同效果的线条。排笔的关键在于下笔稳健，避免过多的停留。扫笔可以产生渐变的效果，适用于过渡色和衔接色的位置，下笔时要先重后轻、迅速。点笔既可以通过不同的笔尖绘制不同的形状，又可以通过旋转宽头笔尖找到合适的形状，其用法比较灵活。

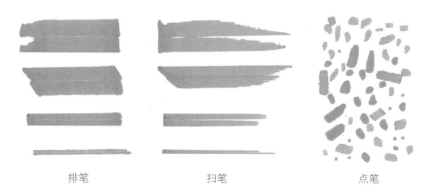

排笔　　　　　　　　　　扫笔　　　　　　　　　　点笔

叠笔一般是先画浅色，再适当添加深色，然后进行过渡处理。

渐变也属于叠笔的一种方式。渐变可以大致分为同色渐变和多色渐变。在进行同色渐变时要先用白色马克笔浸染笔头，然后均匀地平涂。在进行多色渐变时，直接将需要混合的两种颜色的笔头互相浸染即可。

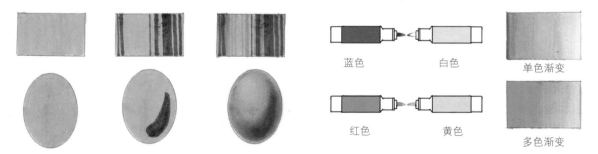

蓝色　　　　　　白色

单色渐变

红色　　　　　　黄色

多色渐变

由于马克笔本身的速干等特性，因此在绘制时很容易留下笔触。宝石首饰多以金属和宝石为主要原料，它们多是圆润的形状，因此在绘图时要尽量避免笔触的产生。一般在绘制首饰时，会先沿轮廓线内侧细致地画一圈，然后在整个轮廓内用宽头马克笔平涂排线，这时可以看到较为明显的笔触，再次平涂即可遮盖笔触，以打圈的形式进行涂抹效果更佳。需要注意的是，涂两次的颜色会比只涂一次的颜色深，在选择颜色时需要考虑这一点。

## 2.2.3  彩铅上色技法

彩铅与铅笔的用法相同，是比较容易掌握的入门级绘图工具，并且彩铅的握笔方法和用笔力度都是可控的。

彩铅的握笔方法主要有斜握、倒握和立握。斜握方法较为灵活，可随意调整线条的方向和用笔力度，一幅画中的大部分内容都是基于斜握绘制的。倒握笔时，笔芯与画纸的接触面积大，可快速上色，适用于铺设底色、绘制面积较大的部分，也适用于表现材质较为柔软的物品。立握笔则适用于绘制细小、坚硬的部分，修改和强调轮廓时也可以使用立握方法。

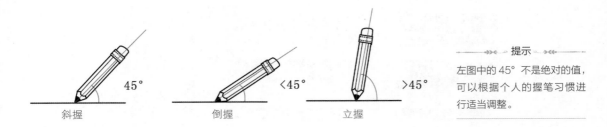

斜握　　　　　倒握　　　　　立握

提示

左图中的45°不是绝对的值，可以根据个人的握笔习惯进行适当调整。

用笔力度很好理解，在同样的情况下，用笔力度越大的线条颜色越深。推荐绘制"浅—深—浅"的毛状线条，这类线条可以很好地与其他线条融合在一起。当然，也要根据所绘制物品材质的不同，结合握笔方法进行调整。

彩铅的画法主要分为平涂、叠色和渐变。平涂时需学习上文中提到的握笔方法和用笔力度，掌握之后灵活地运用到各种材质上即可。

叠色分为同色号叠色、同色系叠色和不同色系叠色。叠色时，使用两只固定颜色的彩铅，通过不同的用笔力度，可以叠加出有细微区别的两种颜色，如黄色和红色叠加，可以得到偏红的橘色或偏黄的橙色。

渐变分为单色渐变和多色渐变，其画法和叠色相近，也可算作叠色的一种。渐变和叠色的主要区别是渐变可以使两种颜色过渡得更加自然。水溶性彩铅在过渡时可以适当加水。

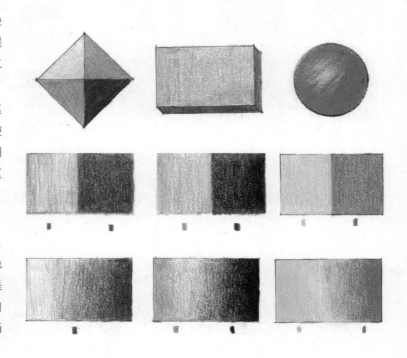

# 2.2.4　iPad 上色技法

　　iPad 中比较常用的上色工具有"涂抹""填充""画笔"。此外，"阿尔法锁定""剪切蒙版"功能也可以帮助设计师更好地上色。

　　"涂抹"工具可以用来绘制宝石的暗部，以及渐变色的交汇处，它能够使颜色衔接得更柔和。

　　iPad 中的"填充"工具使用起来非常便捷，只需用画笔将所需颜色拖曳到需要填充的位置即可。

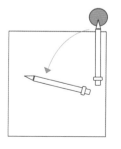

未涂抹　　　　　涂抹

　　"阿尔法锁定"功能与 Photoshop 中的"图层锁定"功能非常相似。既可以在单击图层按钮后弹出的面板中选择阿尔法锁定功能，也可以用快捷方式（双指向右滑动图层）迅速进行图层的锁定或取消锁定。锁定图层后，只能在该图层已有的部分进行绘制。使用"剪切蒙版"功能后绘制的效果与使用阿尔法锁定功能后绘制的效果相同，其主要区别为使用该功能前后绘制的两部分图像是否在同一图层。

**以主体为椭圆形的宝石、金属片为例进行示范**

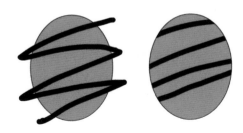

未创建剪切蒙版　　　　创建剪切蒙版

# 2.2.5　课后思考与练习

　　分别用彩铅、水粉颜料、马克笔，给下面的线稿上色。可自行设计材质，本练习的主要目的是让读者感受各种画材之间的区别。

# 2.3 透视的基本原理

透视是指在平面上表现立体空间的方法。狭义的透视是指一种绘画用的理论术语。在绘画中，透视主要分为 3 种类型，它们分别对应物体作用于人眼的 3 个属性，即形体透视、色彩透视、空气透视。形体透视应用最广且最易于掌握。由于观察方向和距离的改变，形体会产生一定规律的变化，常见的平行透视和成角透视都属于形体透视。色彩透视主要是指观察距离的变化造成的色彩变化。一个纯色的物体，一般情况下靠近人眼部分的颜色更加鲜艳，远离人眼部分的颜色相对灰暗，且颜色的冷暖和深浅也会有一定的区别。空气透视主要是指画面近处清晰、远处模糊，即人们常说的近实远虚。

总体来说，这 3 种透视可以归类为两种，甚至一种，因为它们的规律几乎是相同的。

近大远小、近实远虚、近暖远冷。在绘画时，应注意掌握规律，多注意整体上的透视以及透视之后细节上的变化，有时候可以稍微故意夸大透视，从而营造更强的空间感。

透视的通用口诀：近大远小、近密远疏、近明远暗、近实远虚。

在首饰绘制中最常用的是一点透视和两点透视，其次是曲线透视。

在绘制透视前，需要先了解基本的求圆方法。圆形是首饰绘制中常用的形状，戒圈、手镯、圆形宝石等都需要在绘制透视时求圆。求圆的方法主要有四点求圆、八点求圆和十二点求圆 3 种，在绘制透视时使用八点求圆方法即可。

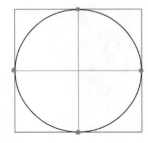 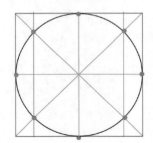 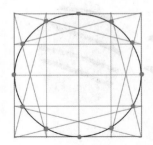

## 2.3.1 一点透视

一点透视中只有一个灭点，由于物体前方的面与地平线平行，因此该透视也被称为平行透视。简单来说，一点透视中有一个灭点、一组汇聚于灭点的斜线以及两组平行线。为了便于理解，可以假设视平线和水平线为同一条直线，且灭点在这条直线上。

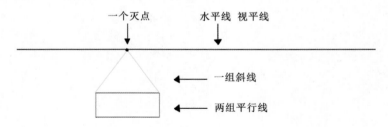

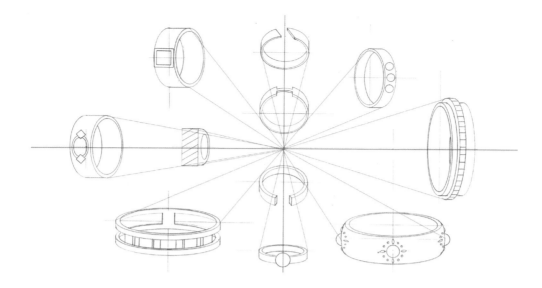

**一点透视练习**

**1** 画出水平线、视平线、灭点。

**2** 画出两组相交的平行线，从中取一个长方形。

**3** 画出长方形各点与灭点的连线。这些连线是辅助线，画的时候下笔要轻。

**4** 画出一条两端点在斜线上的水平线段。

**5** 由该线段的两端点向对应的斜线做垂线，得到两个垂线与斜线的交点。

**6** 连接两个交点。

  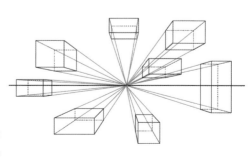

**7** 连接两个矩形互相对应的点。

**8** 整理完善。在视线内的线用实线表示，看不见但是真实存在的线用虚线表示。

从六面体入手，体会各个角度的一点透视效果。

**一点透视实例**

明白了基本的一点透视效果的绘制步骤之后，可以在六面体的基础上切割出各种自己需要的形状。下面以戒指为例，做一个简单的示范。

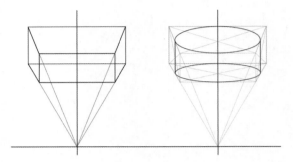 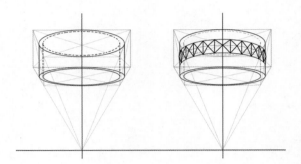

**1** 做一点透视，并根据求圆的方法，将透视得到的六面体切割成圆柱体。绘制椭圆形时可用模板尺。

**2** "掏空"圆柱体，得到一个素圈模型，在素圈表面适当增加一些装饰。需要注意的是，装饰也应该符合透视原理。

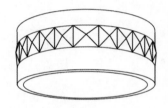

**3** 擦除辅助线。

# 2.3.2 两点透视

两点透视又称成角透视，包含两个灭点、两组汇聚于灭点的斜线和一组平行线。为了方便理解，假设视平线和水平线为同一条直线，且灭点在这条直线上。

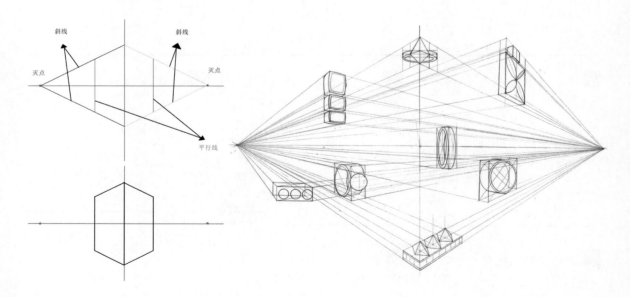

## 两点透视练习

**1** 画出水平线、视平线、灭点及与水平线垂直的线。

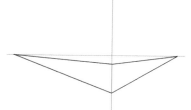

**2** 在垂直线上画出六面体中最靠近自己的一条线段。

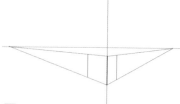

**3** 根据长、宽、高画出该线段的平行线。

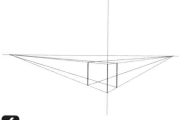

**4** 将两条线段的端点和两个灭点分别相连。

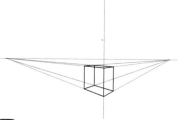

**5** 连接各交点。

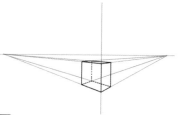

**6** 整理完善。在视线中的线用实线表示，看不见但是真实存在的线用虚线表示。

从六面体入手，体会各个角度的两点透视的效果。

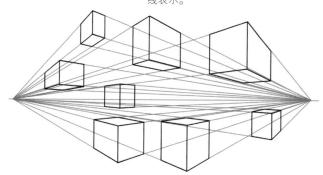

## 两点透视实例

明白了基本的两点透视效果的绘制步骤之后，可以在六面体的基础上切割出各种自己需要的形状。下面以手镯为例，做一个简单的示范。

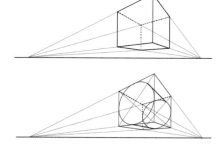

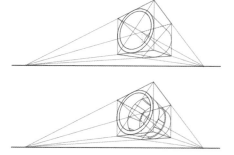

**1** 做出两点透视，并根据求圆的方法，将透视得到的六面体切割成圆柱体。

**2** "掏空"圆柱体，得到一个素圈模型，在素圈的基础上适当做些装饰。需要注意的是，装饰也应符合透视原理。这里采用了镂空的形式。

**3** 擦除辅助线。

## 2.3.3 三点透视

三点透视中有 3 个灭点、3 组汇聚于灭点的斜线。在整个画面中，只有垂直于垂直灭点的线为直线，其他的线均为斜线。三点透视主要用于绘制大角度的仰视图和俯视图。

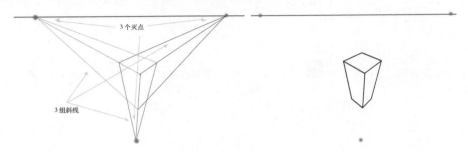

**三点透视练习**

这里以俯视图为例，介绍三点透视的绘制方法。仰视图的绘制方式与俯视图的相同，垂直灭点在水平线下方即可。

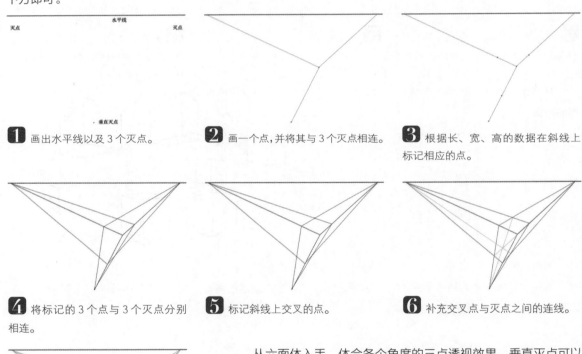

**1** 画出水平线以及 3 个灭点。

**2** 画一个点，并将其与 3 个灭点相连。

**3** 根据长、宽、高的数据在斜线上标记相应的点。

**4** 将标记的 3 个点与 3 个灭点分别相连。

**5** 标记斜线上交叉的点。

**6** 补充交叉点与灭点之间的连线。

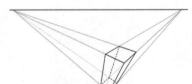

**7** 整理完善。在视线中的线用实线表示，看不见但是真实存在的线用虚线表示。

从六面体入手，体会各个角度的三点透视效果。垂直灭点可以在水平线的下方或上方。

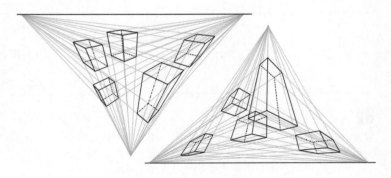

**三点透视实例**

明白了基本的三点透视效果的绘制步骤之后，可以在六面体的基础上切割出各种自己需要的形状。下面以戒指为例，做一个简单的示范。

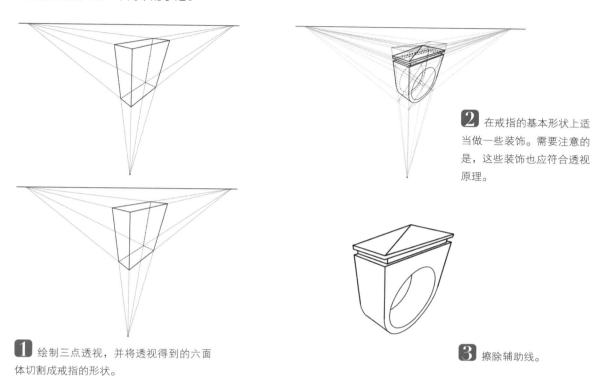

**2** 在戒指的基本形状上适当做一些装饰。需要注意的是，这些装饰也应符合透视原理。

**1** 绘制三点透视，并将透视得到的六面体切割成戒指的形状。

**3** 擦除辅助线。

## 2.3.4　曲线透视

曲线透视是指由弧线或曲线构成的形体的透视方法，其基本规则仍符合透视规律，采取直中求曲、方中求圆的原则。曲线透视可分为规则曲线透视和不规则曲线透视两大类，下面先介绍规则曲线透视。

规则曲线透视可以理解为平面的透视。比较简单的规则曲线透视有一个灭点、两个距点，绘制时有一组平行线、3组斜线。

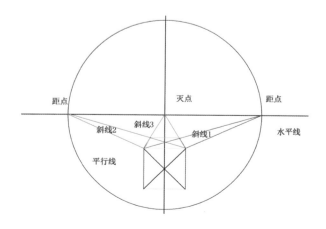

**曲线透视练习**

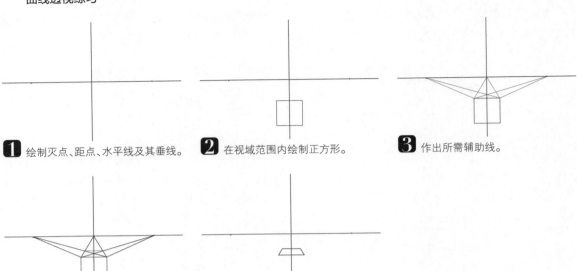

**1** 绘制灭点、距点、水平线及其垂线。　**2** 在视域范围内绘制正方形。　**3** 作出所需辅助线。

**4** 连接两斜线的交点，得到与所求面平行的线段。　**5** 擦除辅助线，得到一个有透视效果的正方形。

从正方形入手，体会各个角度的曲线透视的效果。　　　　在基础的透视形状上，可以切割出其他形状。

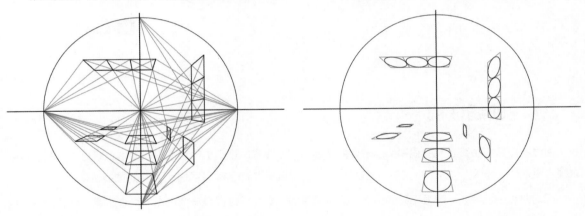

**曲线透视实例**

　　明白了基本的规则曲线透视效果的绘制步骤后，可以在正方形透视的基础上绘制正方体，或者直接切割出各种自己需要的形状。下面以明亮式切割宝石为例，做一个简单的示范。

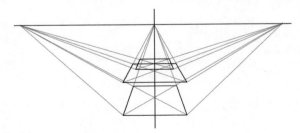

**1** 根据宝石截面圆形的大小，绘制基本透视。

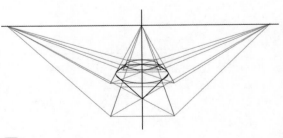

**2** 切割出所需形状。

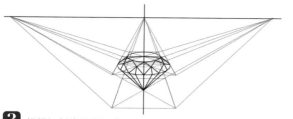 

**3** 根据切割线绘制细节。　　　　　　　　　**4** 擦除所有辅助线。

## 2.3.5　不规则曲线透视

　　不规则曲线透视与规则曲线透视的原理相同，常用于绘制形态较为复杂的首饰效果图中，如一些比较写实的花形、动物形等。

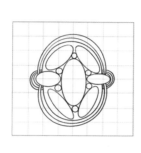 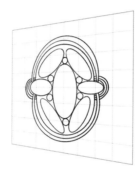

**不规则曲线透视实例**

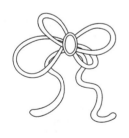  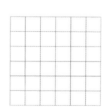 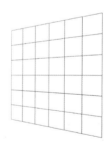

**1** 把平面图分成若干小格。　　　　　　　　**2** 把小格整体转化为透视图。

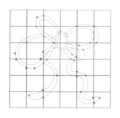 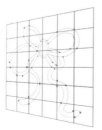 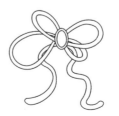 

**3** 在小格的透视图中根据所绘物品的形状标记点进行定位。

**4** 根据小格子的定位点进行绘制，并擦除辅助小格，保留首饰线条。

# 2.3.6  iPad 中的透视辅助

透视的基本原理是相通的，iPad 中的透视辅助线简单明确，使用起来非常方便，并且可以在画布的任意位置添加灭点。设计师可以根据需要开启一点、两点或三点透视，轻松地绘制准确的透视图。

先创建视角。在"操作"菜单中点击"画布"按钮，打开"绘图指引"界面，开启透视参考线，选择"编辑 > 绘图指引"命令，即可对透视辅助线进行编辑。

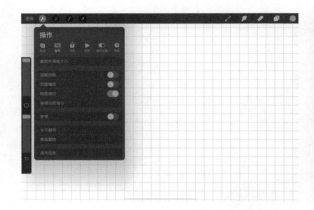
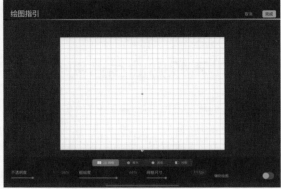

编辑模式主要用来调整辅助线的"不透明度""粗细度"和"颜色"。一般情况下，保持默认参考线颜色即可，"不透明度"和"粗细度"都可以根据需要行调整。

轻点画布中水平线上的任意位置，创建灭点，可拖曳灭点改变其位置。如需做两点透视，则需要适当缩小画布，让一个灭点位于画布外。

一点透视

两点透视

## 2.3.7　课后思考与练习

根据给出的透视位置，绘制简单的戒指或手镯的透视图，款式以素圈为主，也可在素圈的基础上自行设计样式。

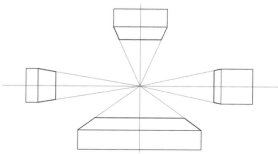

# 2.4　首饰三视图绘制详解

## 2.4.1　三视图的基本原理

三视图是能够正确反映物体长、宽、高的阴影工程图，是一种对物体几何形状的抽象表达方式。绘制三视图的主要目的是准确地理解物体的整体结构。从设计构思到实物产出是一个从无到有的过程，对"无"进行详尽的解释和表达，便是三视图存在的意义。

假设空间内有 3 个互相垂直的平面，通过这 3 个平面分割出了 8 个不同的空间。其中，每个空间都是相对独立的，物体放置于哪个空间内进行阴影，在不同的国家或地区有不同的规定。但是规定是死的，人是活的，只要能够准确地表达设计构思，在选取位置时就可以相对灵活一点。在我国，一般都是在 A 所在的空间位置进行阴影，下面将对 A 位置的三视图绘制进行详细的讲解。

将图形沿着蓝色线条"剪开"并平铺。

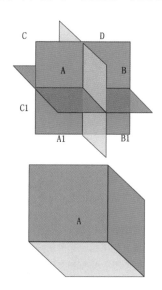

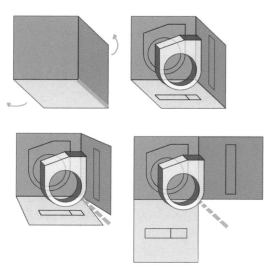

绿色部分、红色部分、黄色部分分别为物体的主视图、侧视图和俯视图。绿色部分与红色部分等高，与黄色部分等宽。红色部分与黄色部分之间的对应关系相对复杂，因此在绘制和理解时需要借助角度为45°的辅助线。绘制时注意实线和虚线的区别，实线是沿视线方向看得到的部分，虚线是沿视线方向看不到的部分。

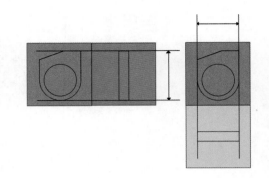

## 2.4.2　三视图的绘制方法

由于三视图的位置需要参考物品的摆放位置，因此位置不仅指前文提到的空间位置，还指物品在同一空间内的不同摆放位置。

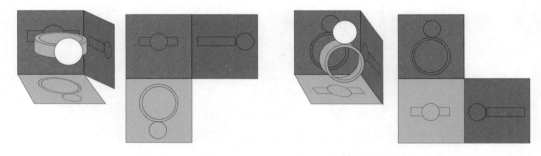

三视图的绘制有一定规律，但是常规顺序只是为了能够更容易地表现物品，这并不是硬性规定。如常规顺序中的步骤2、步骤4和步骤6的顺序都可以进行调整。但是在绘制三视图时，对应的辅助线一定要表达清楚，细节要严谨刻画。视野范围内看不到但是有的结构部分，常会用虚线表示出来。

在具体的首饰绘制中，不同的首饰种类对应的三视图略有不同。下面以戒指为例，介绍三视图的绘制步骤。

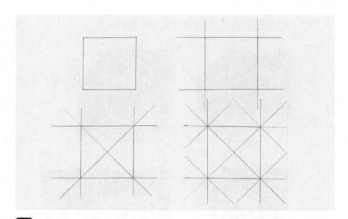

**1** 绘制辅助线。辅助线的绘制比较简单，且方法很多、步骤基本相同。需要注意的是，画辅助线时下笔要轻。可用直尺配合三角尺绘制辅助线。画一个正方形，并延长其4条边。用45°的三角尺画出正方形的对角线，并在正方形的四角画出"米"字交叉线。

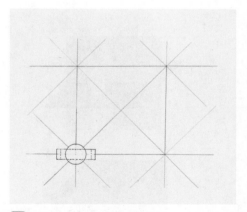

**2** 画出戒指的主视图。在绘制三视图时，无论是哪一个角度的视图，都需要把物体完整地表示出来，包括看得见的面和真实存在但是在当前视角下看不见的面。虽然后面基本上都会擦除看不见的部分，但是完整地绘制物体，可以使设计更加严谨、周密。

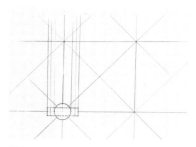

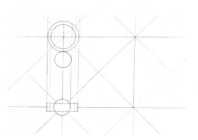

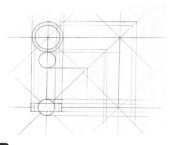

**3** 绘制辅助线。绘制时一定要将所有位置的辅助线都画出来，并且一定要确保它们保持垂直。

**4** 画出俯视图。

**5** 绘制侧视图所需的辅助线。

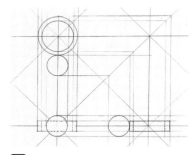

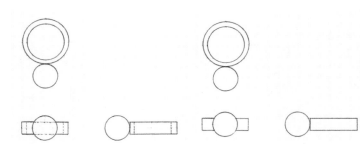

**6** 画出侧视图。根据上一步骤画出的辅助线对侧视图进行判断。

**7** 擦除辅助线。一般来说，看不见的虚线部分也会被擦除。

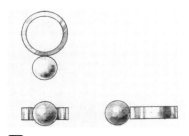

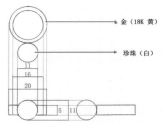

金（18K 黄）

珍珠（白）

11
16
20
5    11

单位：毫米

**8** 适当表达戒指上光线的明暗变化，这步可以适当地做出取舍。

**9** 标注。一般需要标注材质、尺寸和工艺。如果有具体需要，可以根据需要进行标注，很多首饰效果图中也会有设计说明。

## 2.4.3  课后思考与练习

根据给出的俯视图和主视图，绘制侧视图。

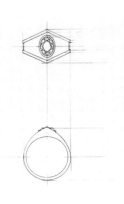

# 2.5 首饰效果图绘制案例

## 2.5.1 绘制方法详解

### 1. 传统手绘

　　传统手绘的步骤是"设计—线稿—上色"。下面以首饰定稿为例，分步骤进行介绍，在实际设计时一般会做 3~5 个定稿，然后选取相对满意的设计进行细化。

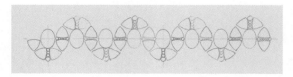

**1** 根据主题、裸石和客户要求等具体情况，写出设计思路，绘制设计简图。

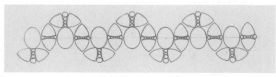

**2** 根据设计思路和设计简图完成线稿，注意细节处理。

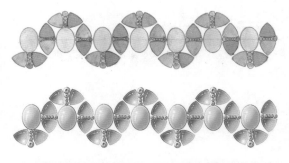

**3** 根据光源和材质为线稿上色，可以利用水粉颜料、马克笔等常用上色工具。上色的主要步骤是相同的，大致分为 3 步，铺设底色、加重深色、提亮浅色。添加适当的背景。

### 2. 计算机绘制

　　计算机绘制相对简单粗暴，它最大的优点是速度快。

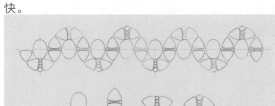

**1** 绘制简图并进行分析，找出重复部分。

**2** 绘制单个宝石。采用"灰—黑—白"，即先绘制线稿、平铺底色，再强化立体感，最后提亮高光部分的顺序进行。

**3** 进行宝石拼接。先拼出小的部件，再拼凑出整条手链。

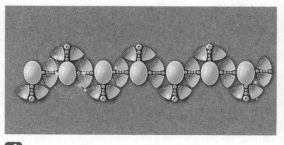

**4** 添加背景、阴影、高光等效果。

### 3. iPad 绘制

使用 iPad 绘制效果图的方法和步骤与使用计算机绘制效果图的基本相同，其好处是工具更便携，可以在更多的时间和地点进行绘制。

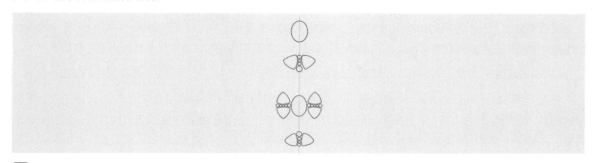

1️⃣ 绘制简图并进行分析，找出重复部分。这里与计算机绘制进行了区分，选取了不同的部分。需要注意的是，Procreate 有辅助绘图功能，可利用"对称"等功能，快速绘制线稿。

2️⃣ 绘制单个宝石。采用先平铺底色，再强化立体感，最后提亮高光部分的顺序进行。

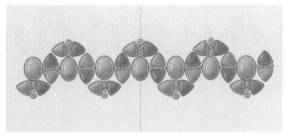 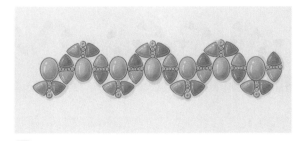

3️⃣ 进行宝石拼接。根据草图拼接出整条手链。　　4️⃣ 添加阴影、高光等效果。

## 2.5.2　综合绘制方法详解

目前，常见的首饰绘制方法为手绘。手绘出的珠宝晶莹、灵动、璀璨绚丽，可是对于手绘基础较弱的初学者来说，这种方法有着明显的不足之处。本书所讲的综合绘制方法，有效地利用了计算机绘图的便利，减少了大量重复、冗杂的工作，从而使初学者可以快速掌握首饰效果图的绘制技巧，并顺利运用到工作中。此外，初学者还可以通过学习本书中的综合绘制方法，整理出属于自己的常用素材库，从而大幅度提升工作效率。

珠宝首饰绘制的综合方法主要分为手绘和计算机绘制两个部分。手绘和计算机绘制在整幅画中所占的比例可以根据需求进行调整。其中,手绘工具可以适当替换,选取最适合自己的工具,或者选用已习惯使用的工具。

## 1. 手绘部分详解

手绘部分与上一小节中的传统手绘相似,这里将手绘的总流程分为:草图—线稿—底色—深色—浅色。其中的每个步骤在后面的章节中都会有详细的示范案例,对工具的使用与注意事项等也有相应的介绍。

以下案例是来石定制。客户有 7 个粉色蛋面珊瑚,要求定制一条有别于商场中的简单包金的手链。

作为天然有机宝石的粉珊瑚,高雅温馨、光彩迷人。手链的整体采用类似海浪的"S"形,以主石上下交错的动态,表现手链的动感,突显飘逸灵动的感觉。在设计时,设计师给客户提供了多种方案,最后敲定的方案客户和设计师都比较满意。在方案确定之后,要细化草图并对其进行分析。

此时,需要适当考虑手链各部分之间的连接方式,确保衔接部分顺畅,以及整个设计的可行性。同时,细化草图时需要注意尺寸。传统手绘中通常要求以 1:1 的比例进行绘制,本书虽不对综合绘制方法做刻意要求,但宝石定制时仍需注意整体的大小和比例。如该订单为手链,就应注意客户的手腕尺寸。

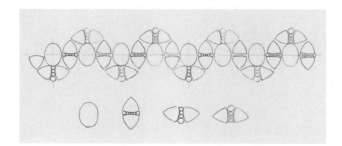

提示

此时,设计师对每部分要用的材质应当做到心中有数,并从材质的质感和颜色进行分析,掌握手链整体的明暗效果表现。这一步骤中可做 3~5 个不同排列的草图来进行对比和参考。可以用硫酸纸试色,也可以用计算机试色。

**1** 根据主题、裸石和客户要求等具体情况,写出设计思路,绘制设计简图。

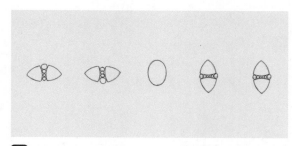

**2** 根据设计思路和设计简图分析线稿。通过对线稿的分析不难看出,画面中重复的部分较多,因此只需选取基础元素进行绘制即可。完成线稿时需要一定的耐心,注意保持画面干净、设计结构清晰。

**3** 平涂底色。拆分的部分可以同时进行平涂底色处理。这一步相对简单,但需注意颜色。根据确定的各类材质的颜色进行选择,不要有太大偏差,可适当参考本书色卡。上底色时可以选用马克笔,马克笔是较好掌握的上色工具之一,适合用于底色平涂。

**4** 绘制深色。这一步需要一定的素描功底。首先需要明确光源的位置，以配合浅色共同完成素描关系。明暗对比可以迅速增强立体感。这一步和下一步可以选择使用彩铅进行绘制，因为彩铅颜色丰富，绘制效果比较细腻。

**5** 绘制浅色及高光。需要注意的是，浅色和高光不同，这里主要相当于"五大面"中的亮部。绘制浅色及高光是为了进一步增强立体感，一般绘制亮部和反光区域。

## 2. 计算机绘制部分详解

计算机绘制部分的总流程为：完善主体、完善整体、增加光感、更换背景。

 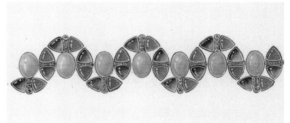

**1** 完善主体。主体部分在手绘时越完善，其效果越细腻。同样，主体部分调整得越完善，在拼合整体时效果越好。Photoshop 中常用的抠图工具有选框工具、魔棒工具、套索工具、钢笔工具等，这几种工具分别应用于不同的图片，也可配合使用。先让主体部分成为一个单独的图层。抠图之后需要利用"黑—白—灰"方法来检验效果，这一方法对平面设计同样适用。然后对主体的颜色、对比度等进行调整。

**2** 完善整体。复制主体部分的图层，拖曳复制后的图层至适当位置即可。这部分像是拼图游戏，需要注意连接处的细节，拼接时可以借助 Photoshop 的辅助线来对齐。

**3** 增加光感。光感分为两个部分，一个是高光，另一个是阴影。在表现素描关系时，就已经确定了整体的光源，但是并没有强调高光部分。因为即使是在同一光源下，与光源之间的距离不同光感也会不同。多观察实物有助于理解和把握细节。阴影可以直接在 Photoshop 的图层样式中进行处理。方向、距离、大小、颜色、透明度等都可以进行细微的调整。

4 更换背景。在白色背景下，白色光线体现得不明显。而首饰多用白钻，这也是设计师在绘制大部分首饰效果图时，选
择灰色、黑色卡纸的原因之一。使用计算机更换背景的好处在于，除了可以使用卡纸，还可以使用有相应图案的插画、照片等。

## 2.5.3　课后思考与练习

根据给出的手链线稿，分析需要拆分的部分。

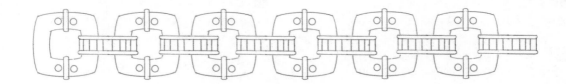

第 **3** 章

# 宝石的
# 介绍与绘制方法

——

珠宝首饰中用到的宝石，通常是耀眼又贵重的。它们色泽美丽、质地晶莹、坚硬耐磨，本身就拥有很高的价值。在此基础上，它们还需要细致的打磨、金属的映衬，从而变得更加明艳动人。本章介绍常见的宝石种类和它们的绘制技法。

# 3.1 基础知识

　　广义上的宝石泛指适宜加工为首饰或工艺品的原料。狭义上的宝石多指美观、稀少、耐久的贵重天然晶体、矿物集合体或有机材质。全面地了解宝石的种类和切割方式，对珠宝首饰设计师而言是必要的，它们本身的化学成分、商业价值、保养方式等都是不同的。全面地了解宝石，可以使设计师在选择材质、控制成本等诸多方面更加得心应手。

　　德国矿物学家弗里德里希·爱德华·莫斯（Frederic Edward Mohs）制订了鉴定矿物硬度的标准——莫式硬度表（也称摩式硬度表）。这里的硬度只是指宝石间的相对硬度，虽然在其他条件相同或相近的情况下，硬度最高的钻石价格最贵，但宝石的硬度和价格之间没有必然联系。

　　在选购宝石时，主要从克拉、净度、切工、颜色 4 个方面进行考虑，综合各方面因素和个人喜好，选择性价比最高、最合适的宝石。在不考虑宝石本身价值和其他因素的前提下，宝石的克拉数越大，价值越高，大多数宝石的价值在其品质不变克拉数加大的情况下，呈阶梯式增长。宝石的净度越高、瑕疵越少，价值越高；宝石切割得越完美，越能体现光感和色泽，价值也就越高。宝石颜色对价值的影响相对复杂，很多宝石有其特定的颜色匹配价值，因为每个人喜爱的颜色不同，而且流行色也会对宝石的价值产生一定影响。但一般来说，宝石颜色越纯正，宝石的价值越高。

# 3.2 宝石的切割种类

　　大部分未经打磨的宝石的表面都是缺乏光泽感且形状较为不规则的，切割宝石的主要目的是使宝石表面更加光滑、耀眼。切割能够使宝石的颜色、形状、光泽达到最优，挖掘出宝石的最大潜能。但同时，也有很多设计师会保留宝石较为原始的形态，这样既可以使宝石的重量最大化，也能体现宝石的自然美感，让人感受到大自然的魅力。

　　宝石的切割方式众多，主要分为弧面形切工和刻面形切工两大类。

# 3.2.1 弧面形切工

## 1. 基本原理

弧面形切工又称蛋面形切工或素面形切工，在不透明宝石、透明度较差或有特殊光学效果的宝石琢型中最常见。这类切工可以尽可能地保留宝石的原始克重，是一种性价比较高的琢型方式。

不透明宝石的正面形状各异，但在绘制时掌握"左上白、右下黑、整体灰"的要点即可将其很好地表现出来。不透明宝石的亮部通常比较圆润、暗部较窄。常见的不透明宝石的正面形状及其整体素描关系如下图所示，依次为：椭圆形、圆形、心形、马眼形、矩形、水滴形、三角形、随形。

透明宝石的整体光感较强，在绘制时除掌握"左上黑、右下白、整体灰"的要点外，还需记住要"对比强烈"，这一要点主要表现在高光和阴影两处。相较于不透明的弧面形切工宝石，透明的弧面形切工宝石的亮部通常比较圆润、暗部较窄。常见的透明宝石的正面形状及其整体素描关系如下图所示，依次为：椭圆形、圆形、心形、马眼形、矩形、水滴形、三角形、随形。

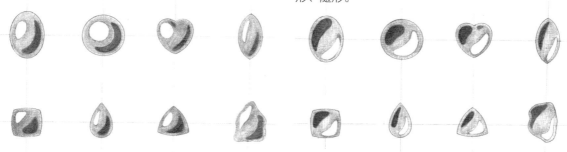

宝石侧面的整体高度和切割弧度也会对光影效果产生一定的影响，但整体效果不会有变化，只在细节上有所变化。绘制时可以按照自己的习惯进行创作，但对于来石定制，要尽量依照宝石本身的形状进行绘制，这样可以更贴近成品效果。

## 2. 弧面形切工宝石画法详解

在绘制弧面形切工的宝石时可以先绘制基本的素描关系，再用计算机上色和添加细节。不透明宝石与透明宝石的素描关系不同，但绘制步骤基本相同。以椭圆形不透明宝石、透明宝石为例，进行弧面宝石的绘制步骤如下。

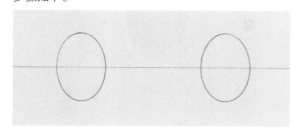

**1** 绘制轮廓线。利用模板尺绘制宝石的基本形状，使用模板尺时尽量让 4 个空点与"十"字形辅助线对齐，将铅笔立直，紧贴模板尺边缘绘制，以确保绘制出的整体形状与模板相同。

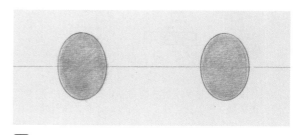

**2** 平铺底色。将灰色平涂在整个轮廓线内，可以先沿轮廓线内侧加粗，再涂轮廓线中间部分，这样可以确保画面整体的整洁。

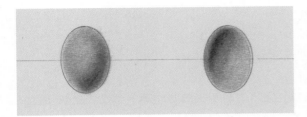

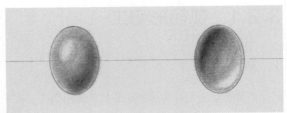

**3** 加深深色。由于使用深色时画面容易脏，因此应尽量确定好颜色、位置，确保能够一次就绘制成功。先绘制形状，再晕开边缘，使整体更加自然。

**4** 提亮浅色。浅色部分不要一味地加"白"，应调出有一定色彩倾向的亮色，这样更能体现宝石的高光效果。

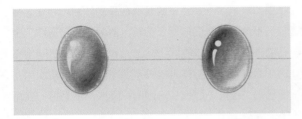

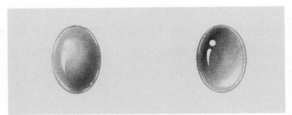

**5** 绘制高光。与其他物品相比，宝石的高光较多，甚至有些高光看起来"不合理"，这些都是为了能够更好地体现宝石的光泽感，因此高光不仅体现在左上角的位置。需要注意的是，要用粗细深浅等细节来区分高光的主次关系。

**6** 将图稿扫描进计算机，并选取需要的部分，调整整体效果。

**7** 为线稿上色。上色方法有很多，可以通过调整该图层的色相和饱和度上色，也可以通过调整笔刷的模式直接上色，还可以在该图层上新建图层，修改图层类型后在新图层上调整颜色。本书采用的是直接上色的方法，以孔雀石为例，上色步骤如下。

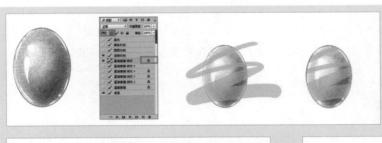

锁定图层。锁定图层可以将所上颜色控制在需要上色的宝石范围内。

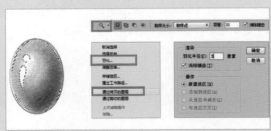

提取高光。直接在宝石所在图层绘制高光可能会导致高光变得模糊。可以建立选区，然后选择高光作为单独的图层。注意高光要尽量通透自然，在选取时可以通过"羽化"或"橡皮擦"工具使其边缘模糊，达到通透自然的效果。一般具有玻璃光泽感的宝石的高光边缘会更明确，具有蜡质光泽感的宝石的高光边缘会比较模糊。

绘制深色。选择边缘模糊的笔刷（图中绿色矩形内的笔刷），调整笔刷的模式为"正片叠底"（区域内的选项都可适当选择），设置其"透明度"为 60%~70%（根据具体模式及颜色进行调整）。沿边缘及重色部分上色。

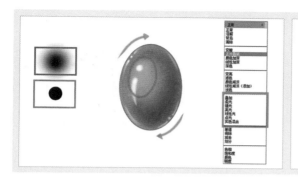

绘制浅色。选择边缘模糊的笔刷（图中绿色矩形内的笔刷），调整笔刷的模式为"强光"（区域内的选项都可适当选择），设置其"透明度"为 60%~70%（根据具体模式及颜色进行调整）。沿边缘及亮色部分上色。

常见的不透明宝石上色效果如下，图片中依次为红珊瑚、绿松石、粉红色珊瑚、黑玛瑙。

常见的透明宝石上色效果如下，图片中依次为蓝宝石、红宝石、琥珀、绿色石榴石。

**8** 调整整体效果，即根据需要添加细节。包括添加纹理、添加图层样式、添加背景等。

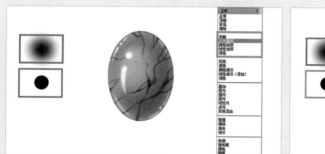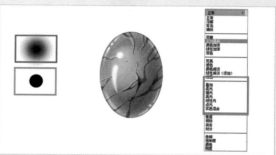

添加细节。如果需要的是有天然纹理的宝石，则需要适当添加相应的纹理。先复制图层，然后在图层上反复尝试，直到得到自己满意的效果。其他步骤与前两步相似，即根据宝石的纹理，先绘制深色，再绘制浅色。

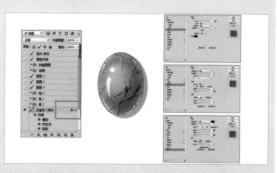

添加纹理。在纹理所在的图层沿宝石边缘擦除一部分，可以使整体效果过渡更加自然。选择"橡皮擦"工具，设置"模式"为"画笔"，选择边缘较为模糊的笔刷，设置其"透明度"为 40%~50% 进行擦除。

添加图层样式。画单个宝石时，需要添加"阴影"等样式，可直接用图层样式来添加，非常方便快捷。常用的图层样式有"描边""内发光""阴影"等。具体参数值可以根据图形本身的大小进行调整。需要注意的是透明宝石的阴影需要带有一些宝石本身的颜色。

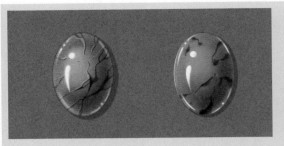
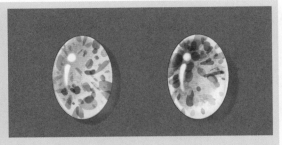

添加背景。为衬托宝石，可为其添加背景。通常深色宝石适合浅色背景，浅色宝石适合深色背景。既可以使用自己绘制的背景图，如插画等，也可以直接用油漆桶工具填充背景，还可以直接扫描水粉纸、素描纸等作为背景。添加背景时，直接在背景图层操作即可。

由于纹理是用手绘板直接添加的，因此每次添加的纹理都不会完全相同，可以多尝试几次，直到满意为止。手绘板的这一特点，使得纹理绘制变得简单、灵动。一般来说，在暗部绘制较多深色的纹理，在亮部绘制较多浅色的纹理会让图案整体看起来更加自然。

　　总的来说，在素描关系的基础上直接上色，就可以得到各种材质的宝石效果图。上色时遵循先深后浅的原则，把握节奏、注意细节，就可以绘制出让人满意的宝石。

## 3. 常见的弧面形切工宝石的绘制步骤

　　常见的透明水滴形宝石：下图依次为水滴形紫水晶、水滴形葡萄石、水滴形红宝石。

　　常见的不透明水滴形宝石：下图依次为水滴形橘红色珊瑚、水滴形虎眼石、水滴形黑曜石。

常见的透明蛋面形宝石：下图依次为蛋面形蓝宝石、蛋面形蓝色碧玺、蛋面形紫水晶。

常见的不透明蛋面形宝石：下图依次为蛋面形绿松石、蛋面形白珊瑚、蛋面形虎眼石。

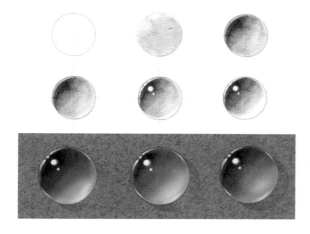

常见的透明珠形宝石：下图依次为珠形琥珀、珠形海蓝宝石、珠形月光石。

常见的不透明珠形宝石：下图依次为珠形珍珠、珠形珊瑚、珠形青金石。

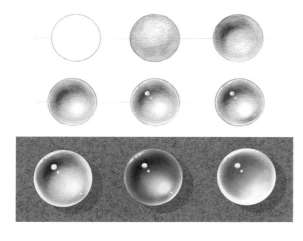

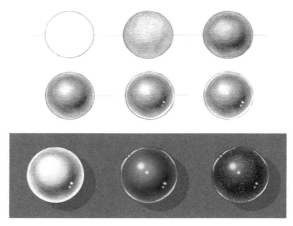

常见的透明三角形宝石：下图依次为三角形蓝宝石、三角形幽灵水晶、三角形草莓晶。

常见的不透明三角形宝石：下图依次为三角形青金石、三角形蜜蜡、三角形孔雀石。

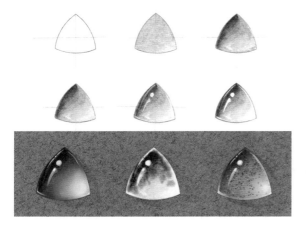

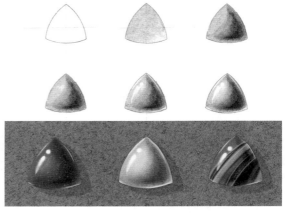

常见的透明心形宝石：下图依次为心形发晶、心形芙蓉石、心形日光石。

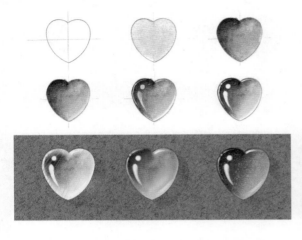

常见的不透明心形宝石：下图依次为心形海纹石、心形粉珊瑚、心形欧泊。

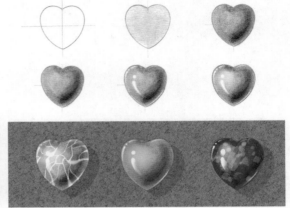

常见的透明方形宝石：下图依次为方形祖母绿、方形葡萄石、方形血珀。

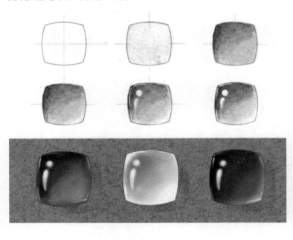

常见的不透明方形宝石：下图依次为方形铁线松石、方形绿松石、方形黑玛瑙。

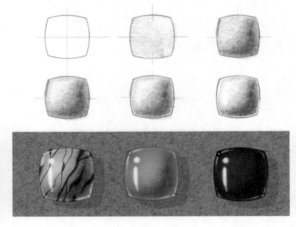

常见的透明马眼形宝石：下图依次为马眼形紫水晶、马眼形红色碧玺、马眼形锰铝榴石。

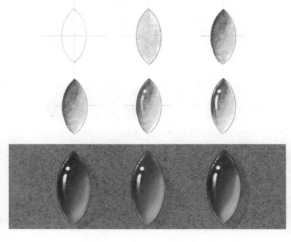

常见的不透明马眼形宝石：下图依次为马眼形橘红色珊瑚、马眼形青金石、马眼形舒俱来石。

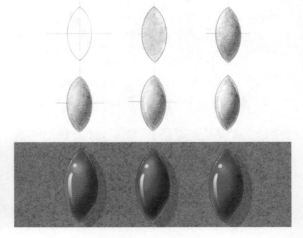

常见的薄片形宝石：下图依次为薄片形欧泊、薄片形拉长石、薄片形斑彩石。

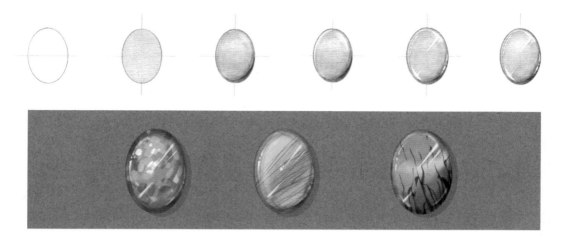

# 3.2.2  刻面形切工

## 1. 基本原理

刻面形切工有较多的小分类，相对复杂。刻面形切工是将宝石切割成若干个小刻面，使宝石更加闪耀动人。透明宝石普遍选用该类切工方式。常见的刻面形切工的形状主要有圆形、椭圆形、水滴形（梨形）、垫形、马眼形、心形、方形、梯形、珠形（刻面形切工水滴珠、刻面形切工圆珠）、随形等。

大部分刻面形切工宝石的正面都可以分为外圈和内圈两个部分。

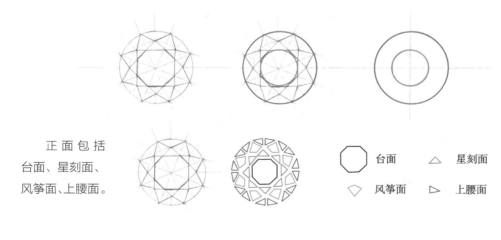

正面包括
台面、星刻面、
风筝面、上腰面。

侧面可分为冠部和亭部两个部分。

绘制珠宝效果图时，多选择宝石的正面。常见的透明刻面形切工宝石正面的基本素描关系如右图所示。注意内圈的对比较为强烈，外圈对比弱，过渡得比较自然。

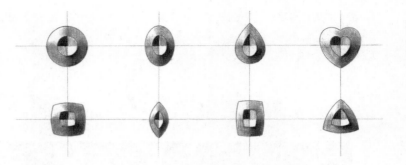

## 2. 常见的刻面形切工画法

比较常见的刻面形切工方式为圆明亮式琢型，其次主要有椭圆形、水滴形、马眼形、垫形、三角形等。恰当的比例和角度可以使宝石显示出最好的亮度、色散、闪光效果。宝石的颜色、净度、克拉、质量均是天然属性，但其切工是人为因素，好的切工可以为宝石添彩。评判切工的优劣是一个相对复杂的过程，需要计算宝石各部分的比例，如台宽比、亭深比、腰厚比等，同时也要考虑抛光等诸多因素。

在绘制珠宝首饰设计图时，会假设该宝石的切工是完美的，绘制出接近完美的切工。切割线可以理解为独立于素描关系的存在。下面以圆明亮式琢型为例，介绍绘制步骤，标准的圆明亮式琢型的冠部，共有一个台面、8 个星刻面、8 个风筝面、16 个上腰面。

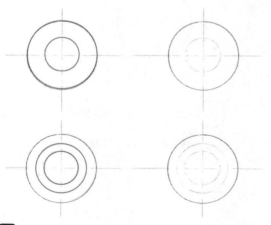

**1** 绘制外轮廓。先画出"十"字辅助线，确定需要的外轮廓，用实线绘制。

**2** 绘制辅助线。先绘制台面辅助线，再绘制风筝面辅助线。一般台面辅助线的半径为外轮廓半径的二分之一，风筝面辅助线的半径为外轮廓半径的四分之三，即台面辅助线和外轮廓的中间。

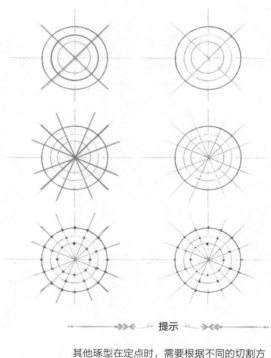

➤➤◄ ～ 提示 ～ ➤◄◄

其他琢型在定点时，需要根据不同的切割方式适当地进行角度调整。

**3** 定点。台面辅助线上共 8 个点，即台面辅助线与"十"字辅助线的 4 个交点以及台面辅助线与 45°辅助线的 4 个交点。风筝面辅助线上共 8 个点，即其与 22.5°、67.5°、112.5°、157.5°辅助线的交点。外轮廓线共有其与 8 条辅助线的 16 个交点。

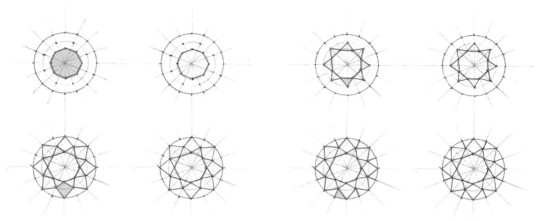

**4** 按顺序用线段连接各点。连接台面辅助线上的8个点，得到台面。将风筝面辅助线上的每个点分别与其相邻的台面辅助线上的两个点相连，得到星刻面。将每两个风筝面辅助线上的点分别与其中间的外轮廓线上的点相连，得到风筝面。将风筝面辅助线上的点和外轮廓线与22.5°、67.5°、112.5°、157.5°辅助线的交点相连，得到上腰面。

**提示**

在这一步可以直接将风筝面辅助线上的点与其相邻的外轮廓线上的3个交点相连，上述具体步骤是为了帮助读者从面的角度理解线条。

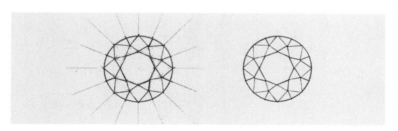

**5** 擦除辅助线。并将图扫描进计算机中，进行适当的调整。

## 其他切割型的基本绘制步骤

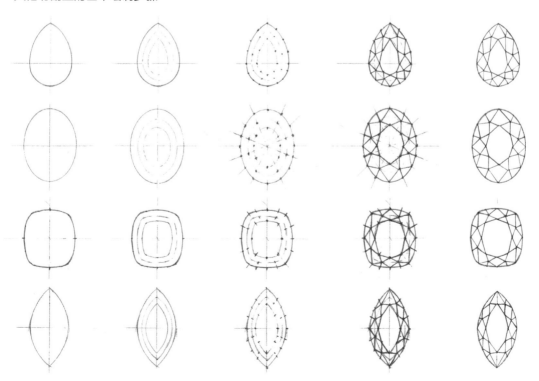

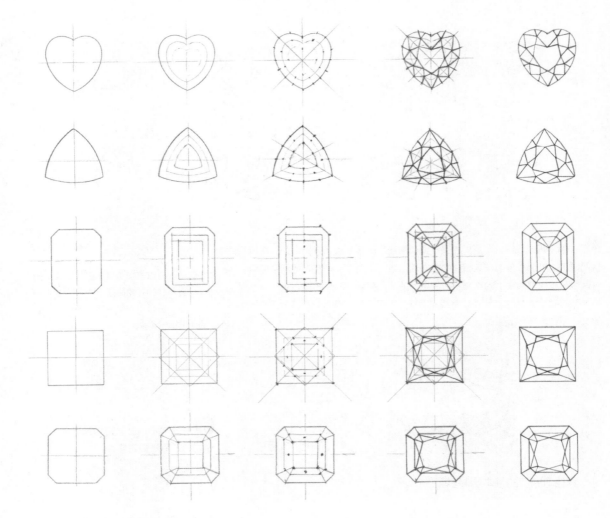

## 3. 刻面形切工宝石画法详解

以圆明亮式琢型切割的圆钻为例，具体绘制步骤如下。

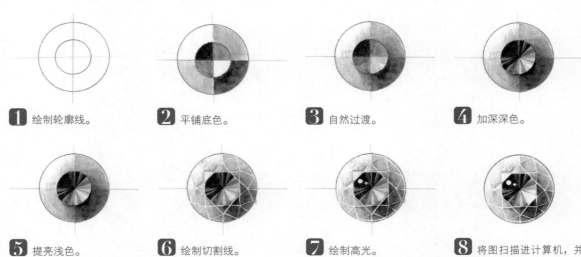

**1** 绘制轮廓线。　　**2** 平铺底色。　　**3** 自然过渡。　　**4** 加深深色。

**5** 提亮浅色。　　**6** 绘制切割线。　　**7** 绘制高光。　　**8** 将图扫描进计算机，并选取需要的部分，调整整体效果。

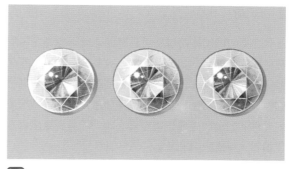

**9** 上色，可得到不同颜色的圆钻。

**10** 根据需要添加细节。

# 3.3 常见宝石及其手绘效果

可用于制作首饰的宝石多种多样，宝石有很多分类方法，如按透明度可分为透明宝石、半透明宝石和不透明宝石；按切割方式可分为弧面形切工、刻面形切工等。另外，可以按硬度、色彩、价值、成分等对宝石进行分类。接下来按透明度对宝石进行分类。透明度是指宝石透过可见光的能力。有些宝石会同时有多种透明度，绘制时需要看具体的种类。同一种类的宝石由于厚度、形状的不同，会有不同透明度。因此，可将宝石大致分为不透明宝石、透明宝石两大类，这两种类型中有小部分的重叠。

## 3.3.1 常见不透明宝石及其手绘效果

### 1. 玛瑙

玛瑙是玉髓类矿物的一种，其色彩多样、颜色层次分明。玛瑙的分类方式较多，由于具有颜色丰富、产地广泛、图纹趣味横生等诸多特点，玛瑙拥有多种命名方式。例如，根据产地命名的南红玛瑙、北红玛瑙、盐源玛瑙等。其中，南红玛瑙又可按颜色分为锦红、玫瑰红、朱砂红、樱桃红等。南红玛瑙的价位较高，深受人们的喜爱，在珠宝行业中有一句俗语：玛瑙无红一世穷。玛瑙的莫氏硬度约为 7，密度约为 2.65g/cm$^3$，有半透明和不透明两种，通常呈现玻璃光泽。

缟玛瑙　　　　南红玛瑙　　　　樱花玛瑙

## 2. 珊瑚

广义的珊瑚是指包括宝石珊瑚与造礁珊瑚在内的所有品种的珊瑚。宝石学中的珊瑚指的是能够被用作宝石材料的珊瑚品种。市场上常见的宝石珊瑚品种有赤红珊瑚、桃红珊瑚、Miss珊瑚、浅水珊瑚等。赤红珊瑚俗称"阿卡"，在日文中是红色的意思。由于珊瑚是根据生物学进行分类的，而不是颜色，因此赤红珊瑚有红色、橘色、粉色、白色等多种颜色。珊瑚是有机宝石，生长极缓慢，且不可再生。尽管同为深红色，但不同品种的珊瑚也存在价格差异。珊瑚的莫氏硬度为3~4，常见的颜色有深红色、红色、粉红色和白色，表面呈蜡质光泽或玻璃光泽。

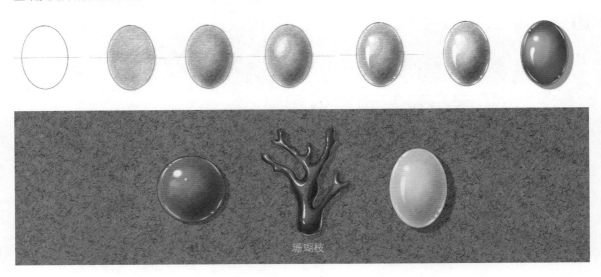

珊瑚枝

## 3. 绿松石

《石雅》中解释道："（绿松石）形似松球，色近松绿，故以为名。"绿松石是一种自色宝石，通常为不透明的，在极薄片状态下部分呈半透明，抛光面呈油脂玻璃光泽。绿松石的种类包括波斯松石、墨西哥松石、埃及松石等。色彩是影响绿松石价值的重要因素，绿松石一般呈天蓝色，颜色纯正、均匀的绿松石相对来说价格较高。绿松石的莫氏硬度为5~6，常见绿松石的颜色有黄绿色、蓝绿色和天蓝色，绿松石受热、受强酸腐蚀时易变色。

铁线松石

## 4. 青金石

据传，青金石是通过"丝绸之路"传入中国的，是古代东西方文化交流的见证之一。青金石中含有少量的黄铁矿、方解石等杂质，以颜色呈深蓝色，颜色纯正均匀，无杂质、裂纹，质地细腻的为佳。如果黄铁矿分布均匀，像空中闪烁的繁星，则会给青金石带来别样的美感。青金石的莫氏硬度为 5~6，表面通常呈玻璃光泽或蜡质光泽，常见的颜色有暗蓝色、紫蓝色和深蓝色，通常是不透明的。

黄铁矿青金石　　　　　　　　　黄铁矿青金石

## 5. 孔雀石

孔雀石因其颜色酷似孔雀羽毛上的绿色而得名。孔雀石上有典型的纹带，其纹理清晰美观、颜色鲜艳，多作为观赏石。由于孔雀石的硬度较低，因此在制作首饰时常被用作珠串、胸针。由于其价格较低，因此也常用于制作摆件。孔雀石的硬度为 3.5 ~ 4，通常是不透明的，其颜色为深浅不同的绿色。

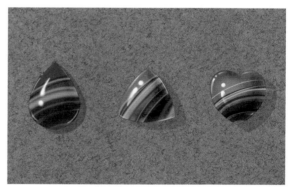

## 6. 虎眼石

虎眼石有黄色虎眼石、蓝色虎眼石、红色虎眼石等，其中产量最多的是黄色虎眼石，灰蓝色虎眼石与红褐色虎眼石较少。常见的虎眼石为黄棕色，具有猫眼效果。眼线在正中，清晰、完整、明亮者更优。绚丽的彼得石可以看作虎眼石的变种，一块彼得石上可以同时有多种色彩。虎眼石的莫氏硬度为 7，其主要成分是二氧化硅，表面通常呈玻璃光泽或蜡质光泽。

## 7. 海纹石

海纹石又称"拉利玛"，它有如海浪般蓝白交错的纹理。海纹石的主产地是多米尼加共和国，目前产量较稀少。海纹石的莫氏硬度为 4~5，常见的海纹石有蓝色带白色波纹形状的纹路，呈半透明至不透明状态。

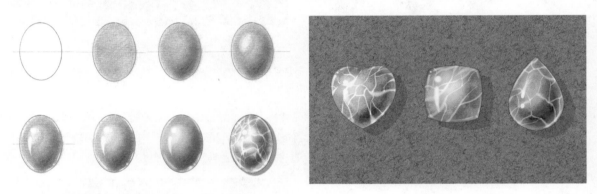

## 8. 黑曜石

黑曜石是比较常见的黑色宝石，一般块头较大，且它被敲碎后断面较锋利。远古时期，黑曜石作为刀剑等武器使用。黑曜石的颜色较多，有紫色、绿色、蓝色、红色等。普通黑曜石的产量很大，价格较低，常用来做大雕件、摆件。乌金黑曜石是宝石级别的黑曜石，彩虹眼黑曜石深受市场欢迎。

## 9. 珍珠

　　珍珠为有机宝石，从形态上主要分为圆珠和异形两大类，其颜色丰富、光泽柔和且带有光晕。目前，市场上比较流行的珍珠有大溪地黑珍珠、南洋金珠、澳洲白珠、Akoya 珍珠等。近些年，马贝珍珠也深受市场欢迎，这是一种半边珍珠，其背面平滑，颗粒较大。海螺珍珠又称孔克珠，表面带有独特的火焰纹，因目前无法进行人工繁育且极为罕见，所以价格很高。珍珠的莫氏硬度为 2.5~4.5，常见颜色有白色、粉色、黄色和黑色等，表面呈现珍珠光泽。

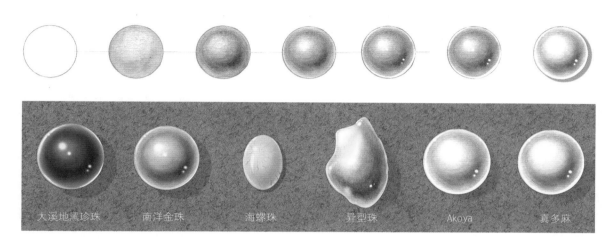

| 大溪地黑珍珠 | 南洋金珠 | 海螺珠 | 异型珠 | Akoya | 真多麻 |

## 10. 斑彩石

　　斑彩石是一种来自远古时期的有机生物化石，它的颜色绚丽多彩，堪比彩虹。越接近地表的斑彩石，其颜色越暗淡。斑彩石原料出土后需要尽快处理，以防其氧化褪色。由于斑彩石的云彩部分较薄且易碎，因此成品多为拼合石，常见的成品有以黑玛瑙为衬底、表面覆盖水晶的二层石，或是有衬底和覆膜的三层石。斑彩石的莫氏硬度为 4.5~5.5，表面通常呈现树脂光泽，不透明状态。

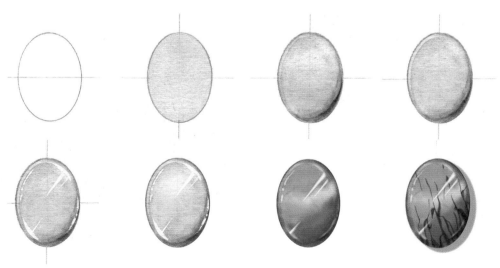

## 3.3.2 常见透明宝石及其手绘效果

### 1. 钻石

钻石又称金刚石，其莫氏硬度为 10，有独特的金刚光泽。其化学性质非常稳定，耐酸性、耐碱性较强。钻石颜色丰富，但就产量而言，无色－浅黄色系列钻石的占比最大。钻石的成色越好，价值越高。色调鲜艳、饱和度较高的彩色钻石价值很高。中国具有在全国范围内施行的统一的钻石分级标准，即 4C 分级标准，包括克拉、颜色、净度、切工。除国检证书外，还有 GIA（Gemological Institute of America）证书、HRD（Hoge Raad Voor Diamont）证书、IGI（International Gemological Institute）证书等钻石分级证书，这些证书对应的是实验室的标准，并非国际标准。

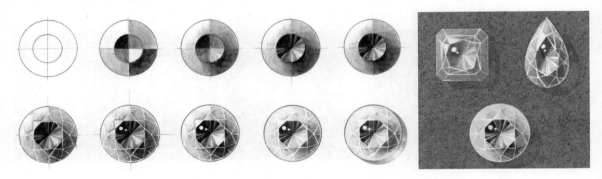

### 2. 红宝石

红宝石被称作"宝石之王"，天然的红宝石十分稀少、珍贵。红宝石和蓝宝石都属于刚玉族矿物，硬度仅次于金刚石，其莫氏硬度为 9。其中，只有由铬致色的红色的刚玉才能被称为红宝石。血红色的"鸽血红"非常受宝石市场欢迎。目前，市场上大部分的红宝石都是经过优化处理的，其中最常见的是热处理。通过热处理，可以大幅度地改善红宝石的透明度和颜色等，且热处理是物理方法。在购买红宝石时需要注意将红宝石与红色石榴石、红色尖晶石等相似颜色的宝石进行区分。

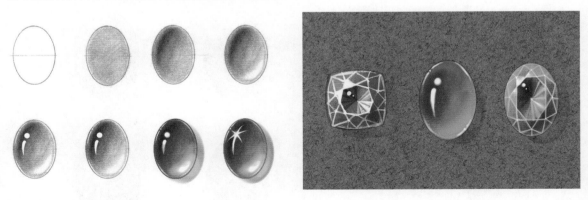

### 3. 蓝宝石

目前宝石界将除红宝石之外的其他颜色的宝石级刚玉统称为蓝宝石。在蓝宝石中，皇家蓝与矢车菊非常受大众喜爱。另外，除红色、蓝色外的宝石级刚玉都被称为彩色蓝宝石，只要命名时在"蓝宝石"前加上宝石的颜色即可，如黄色蓝宝石、绿色蓝宝石等。彩色蓝宝石中相对贵重的是粉橙色蓝宝石，价格相对较低的是灰色蓝宝石。近年来流行的帕帕拉恰就是彩色蓝宝石中的一种。

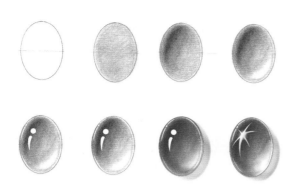
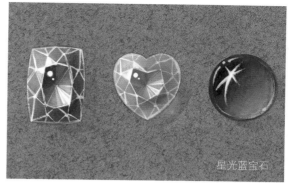

星光蓝宝石

## 4. 祖母绿

祖母绿被称为绿宝石之王，与钻石、红宝石、蓝宝石并称为四大名贵宝石。祖母绿的颜色越翠绿，质地越纯净，价值越大。天然祖母绿的裂缝与内含物较多，常见的优化处理方式为浸油。在切割时，祖母绿型切工最能体现宝石本身的绿色，其他切工型的价位相对偏低。需注意，祖母绿与祖母绿翡翠不同，"祖母绿翡翠"是指颜色达到祖母绿颜色的翡翠。祖母绿的莫氏硬度为 7.5~8，通常其表面有玻璃光泽，常见的颜色为深浅不一的绿色和蓝绿色。

## 5. 海蓝宝石

海蓝宝石多数为透明的，与祖母绿同属绿柱石家族。无论是偏蓝色还是偏绿色，海蓝宝石都是颜色越浓郁，价格越高。海蓝宝石的颜色中比较出名的是圣玛利亚色。市场上的海蓝宝石一般是经过加热处理的，加热处理的效果是永久性的，且不易被检测出来，购买时需要注意。海蓝宝石的莫氏硬度为 7.5，常见的颜色有蓝绿色、绿蓝色和浅蓝色，通常海蓝宝石表面呈玻璃光泽，质地透明。

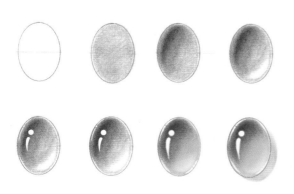

## 6. 碧玺

碧玺是目前颜色较丰富的宝石，几乎包含了所有颜色，且具有多色性，比较罕见的是蓝色碧玺和无色碧玺。无色碧玺可以通过加热浅色碧玺，进行淡化颜色处理来制成。长久以来，在众多的碧玺中，特别受人们喜爱的是红绿相间的西瓜碧玺。近年来流行的帕拉伊巴也是碧玺中的一种。由于碧玺具有易碎性，因此在佩戴时需注意避免撞击。碧玺的莫氏硬度为 7~8，通常其表面呈玻璃光泽，质地透明。

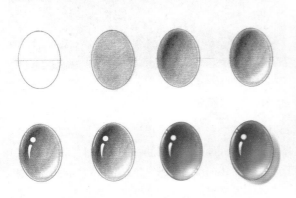
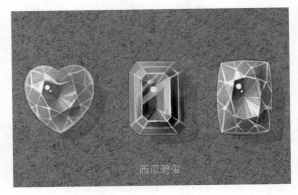

西瓜碧玺

## 7. 摩根石

摩根石与祖母绿、海蓝宝石同属绿柱石中的一种，又被称为粉色绿柱石，多为粉色、橙色、紫色，有较明显的二色性。其中，洋红色、浓粉带紫色价优。市面上的摩根石多为浅粉色、浅橙色，可通过热处理改变其颜色，处理后效果稳定。由于摩根石净度较高，较难检测热处理后的内含物，因此对其进行热处理是被市场接受的，无需特别说明。摩根石的莫氏硬度约为 7.5，通常其表面呈玻璃光泽，质地透明。

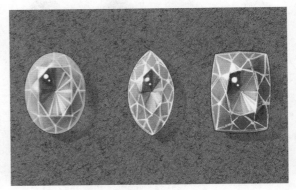

## 8. 橄榄石

橄榄石因颜色以橄榄绿居多而得名。常见的橄榄石有黄绿色、绿色和橄榄绿色，其中鲜艳的油绿色橄榄石非常受市场欢迎。由于橄榄石的产地多、产量较大，因此在用作首饰原料时，对其颜色、净度、质量的要求都相对较高。天宝石是橄榄石中极为罕见的一种。橄榄石的莫氏硬度为 6.5~7，通常其表面呈玻璃光泽，质地透明。

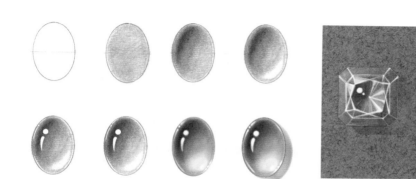

## 9. 欧泊

特殊的变彩效应使优质欧泊集宝石之美于一身。其透明度范围也极广，从透明、半透明到不透明的都有。欧泊主要分为深色胚体的黑欧泊，浅色胚体的白欧泊，以及火欧泊和硕石欧泊。但是在开采的欧泊矿中，绝大部分都是没有变彩效应的普通欧泊，其价格也较低。购买欧泊时，需注意辨别是否为拼合石。欧泊的莫氏硬度约为 6，通常其表面呈玻璃光泽或树脂光泽。

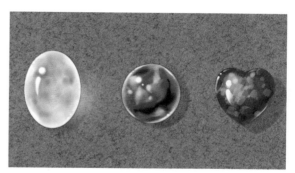

## 10. 变石

变石又名亚历山大石，是一种稀有矿石。由于其具有特殊的变色效应，被诗人誉为"白昼里的祖母绿，黑夜里的红宝石"。变石的变色效应越显著，价格越昂贵。价值最高的变石是集变色效果与猫眼效果于一身的变石。不同产地的变石颜色差异较大，并且在不同颜色的灯光下，变石的颜色也会有变化，并不是只有红绿色。变石的莫氏硬度为 8~8.5，常见颜色为绿色、橙黄色和紫红色，通常变石表面呈玻璃光泽，质地透明。

## 11. 翡翠

　　翡翠也称翡翠玉，是玉的一种。翡翠颜色丰富、种类繁多。判断翡翠的优劣，主要从种、水、底、色、工入手。由于翡翠在我国的价格居高不下，因此翡翠市场上经过优化加工来以次充好等现象屡见不鲜。市场上常说的"A货"，是指没有经过任何加工处理的天然翡翠。购买时应注意鉴定证书上的"翡翠"和"天然翡翠"。翡翠的莫氏硬度为 6.5~7.5，通常其表面呈玻璃光泽或油脂光泽，常见的品种有冰种翡翠、水种翡翠等。

飘花翡翠

## 12. 坦桑石

　　坦桑石是宝石级别的黝帘石，其莫氏硬度为 6.5，通常表面呈玻璃光泽，质地透明，常见的颜色为带褐色调的绿蓝色，以浓郁的带紫色调的蓝色为佳。在将其与蓝宝石进行区分时，主要看它们的硬度，坦桑石的莫氏硬度相对蓝宝石较低。坦桑石的颜色更浓郁、质量更大、净度更高。

## 13. 托帕石

　　托帕石也称黄玉或者黄晶，但是由于这两种叫法都容易将其与其他宝石混淆，因此用音译的"托帕石"来代表宝石级别的黄玉。托帕石中比较有名的品种有"雪莉""天空蓝""瑞士蓝"等，橙色并带有粉红色调的"帝王"托帕石的价格相对较高。由于托帕石通常用辐照进行优化，在改色处理中没有添加其他物质，因此一般将优化处理后的托帕石仍然作为天然托帕石来看待。大部分托帕石的质量较大、净度较高，属于中低档宝石。托帕石的莫氏硬度为 8，通常表面呈玻璃光泽，质地透明。市面上最常见的托帕石有蓝色托帕石，其次是黄色托帕石、橙色托帕石和粉色托帕石。

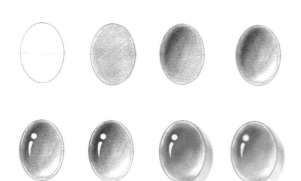
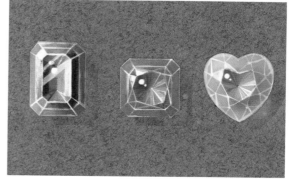

## 14. 琥珀

琥珀是植物树脂形成的生物化石，属于非结晶质的有机物半宝石。琥珀的内部常见气泡、动植物碎屑等，主体颜色鲜明、种类较多。市面上流行的琥珀类型主要有金珀、蓝珀、血珀、花珀。琥珀的莫氏硬度约为 2，不宜与尖锐的首饰一同存放。琥珀的质量较小，目前是最轻的宝石。蜜蜡是琥珀的一种，通常将半透明至不透明的琥珀称为蜜蜡。琥珀的常用优化方法是烤色和爆花，其表面通常呈树脂光泽。

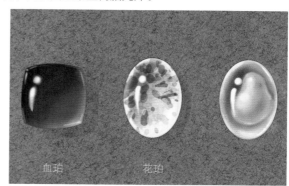

血珀　　　　　花珀

## 15. 石榴石

石榴石的外形酷似石榴籽，常见的石榴石为红色的。但石榴石本身的颜色十分丰富，包含红色、黄色、绿色、褐色、黑色等颜色，比较罕见的还有蓝色石榴石。石榴石砂是一种很好的研磨料。沙弗莱石和锰铝榴石都是石榴石中的一种。沙弗莱石是一种近些年才发现的矿物，由珠宝商蒂芙尼命名并推向世界。锰铝榴石有着鲜明的橘色，是近年来在市场上十分受欢迎的彩色宝石。石榴石的莫氏硬度为 6.5~7.5，通常其表面呈玻璃光泽，质地介于透明和半透明之间。

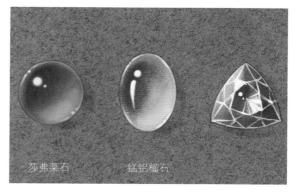

莎弗莱石　　　　锰铝榴石

## 16. 月光石

　　月光石的莫氏硬度为 6，通常为无色至白色，半透明质地，其表面呈玻璃光泽，具有独特的月光效应。月光效应也被称为冰长石效应。月光石带有蔚蓝色、白色的浮光，且其浮光朦胧、美丽，深受大众喜爱。在转动宝石时，月光石的光彩会呈片状转动。月光石的主要产地为斯里兰卡、缅甸等。

## 17. 日光石

　　日光石又名太阳石，与月光石同属于长石类宝石，在光下会出现金黄色到红色色调的耀眼光芒，这种特殊的光学效应又被称为砂金效应。天然的日光石产量较少，多用作收藏。日光石的莫氏硬度为 6~7，常见的颜色为黄色、橙色或棕色，通常其表面呈玻璃光泽，质地介于透明和半透明之间。

## 18. 葡萄石

　　葡萄石晶莹水润、质地通透，常见的颜色为浅绿色，也有浅黄、肉红等。葡萄石看上去与剥去外皮的青色葡萄相似，不仅颜色、质地相似，连开采出的矿物晶体也有与成串葡萄相近的形态。优质葡萄石会产生神似冰种翡翠的"荧光"。葡萄石的莫氏硬度为 6~6.5，通常其表面呈玻璃光泽或蜡质光泽，质地介于透明和半透明之间。

## 19. 红纹石

　　红纹石的原矿是菱锰矿，因多数有红白相间的纹理，所以在我国多被称作红纹石。红纹石的密度大，但硬度很低，其莫氏硬度仅为 3~5，不宜与其他硬度高的宝石一同放置。通常红纹石表面呈玻璃光泽，质地介于透明和不透明之间，常见的颜色为粉红色、深红色。颜色越红、白纹和瑕疵越少的冰种红纹石，价格越高。

## 20. 尖晶石

　　尖晶石颜色丰富、鲜艳绚丽。在众多颜色的尖晶石中，纯正的红色尖晶石价格较高，尤其是接近"鸽血红"的"绝地武士"。因为"绝地武士"尖晶石中，铁离子含量少，铬离子含量高，因此整体呈现出霓虹色调的艳粉色，几乎没有暗红色区域，很受消费者的追捧。尖晶石的莫氏硬度为 8，常见的颜色为粉红色和暗红色，通常其表面呈玻璃光泽，质地透明。

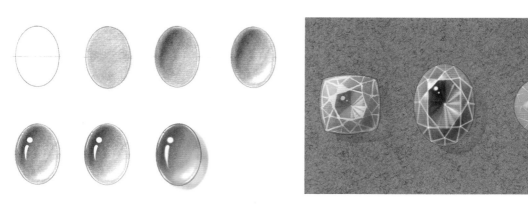

## 21. 水晶

水晶的产地较多、产量巨大，且其颜色丰富、品种繁杂，有无色水晶、紫水晶、黄水晶、烟晶、茶晶、墨晶、发晶、水胆水晶、蔷薇水晶、星光水晶、红兔毛水晶等品种。天然水晶常用作摆件，或用于饰品消磁。其中，蔷薇水晶又被称为芙蓉石，是比较有名的水晶品种。红兔毛水晶的产量较少，因此价格较高。

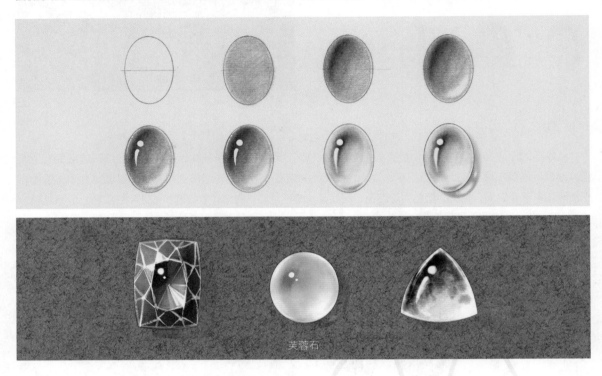

芙蓉石

 课后思考与练习

用本章中介绍的宝石绘制方法，自行选择琢型、透明度、颜色，绘制各种各样的宝石。可以随意搭配宝石进行练习。

请绘制圆形明亮式琢型的黄色水晶。

第 **4** 章

# 金属的
# 介绍与绘制方法

——

金属总是给人冰冷的感觉吗？根据不同的表面处理工艺，金属可以有
细腻温柔的磨砂质感、也可以有顺滑流畅的拉丝纹理，甚至可以承载珐
琅五彩缤纷的颜料。金属的应用领域非常广泛，且其种类繁多，本
章主要讲解首饰中常用的几种金属、金属表面处理工艺和镶
嵌方式，此外还会介绍饰品链接的小配件。

# 4.1 基础知识

　　贵金属主要指金、银、铂等化学性质稳定且物理性质良好的金属元素，它们的产量较少、价值较高，拥有美丽的色泽。贵金属用途广泛，常用于首饰、电子产品及化工等方面。在首饰中最为常见的贵金属为金、银、铂，以及它们的合金，即金合金、银合金、铂族金属合金等。

　　在首饰效果图中，绘制金属时主要需要注意颜色和光感两个部分。

　　比较常见的金属颜色为银白色、黄金色、玫瑰金色，另外还有黑色、红色、绿色等。由于彩色金属一般是由不同的成分合成的，因此颜色并不固定。在绘制金属时，颜色可以偏向实物进行调整，或是偏向自己的喜好与习惯进行调整。本书采用手绘与计算机绘制相结合的方式，能够更轻松地对颜色进行调整。因为一般加工后的金属表面会有很强的反射光的现象，所以在绘制效果图时，金属与宝石几乎一样夺目，这就比较考验设计师处理整体画面的能力。此时，设计师需要思考哪部分是最想表达的部分，以及如何更好地进行表现。

　　金属是首饰的重要组成部分，但完全由金属制成的首饰只是首饰中的一个小分支。在更多的时候，金属都用来与珠宝等物品共同组成首饰。首饰效果图中金属部分常见的形状多为条状、环状、片状等，因此需先掌握这几种形状的金属的绘制。

# 4.2 画法表现详解

## 4.2.1　基本画法

　　绘制金属时可以先绘制其基本的素描关系，再用计算机上色和添加细节，以便设计师在设计时尝试多种颜色的金属，找到最合适的材质。如果在绘图前，已经确定了金属的材质，就可以直接用相应的颜色进行绘制。金属的整体绘制步骤与宝石的基本相同，只要能够整体把握素描关系中的"三大面""五大调"即可。

　　以喷砂黄色金属戒圈为例，进行金属首饰的基本绘制步骤详解。

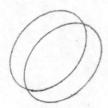

**1** 绘制轮廓线。在模板尺上选出合适的形状和尺寸，直接用铅笔绘制；将模板尺移动到适当的位置，用铅笔绘制出一个相同的形状；用直尺连接两个形状；用相同的形状、较小的尺寸表现出戒圈的厚度，需注意厚度是需进行立体表现的，即远处部分的厚度也需要表现出来；擦除多余的辅助线。

**2** 平铺底色。调出整体色调中的灰色调，在轮廓线内平涂。此效果图中体现戒圈厚度的部分处在受光位置，平涂时可以直接用较淡的颜色来加以区分。

**3** 加深深色。调出整体色调中的黑色调，在适当的位置加深并自然过渡。此处加深戒圈的外壁和内壁两侧，并由两侧向中间过渡。可以使外壁颜色稍浓，使内壁颜色稍淡，从而在一定程度上强调近实远虚的透视效果。

**4** 提亮浅色。调出整体色调中的白色调，在适当的位置进行提亮并自然过渡。此处绘制于左上方，即45°光源处，由中间向两侧过渡。

**5** 绘制高光。用高光笔在对应光源的位置以及轮廓线内部绘制，反射强烈处的高光线条相对较宽。

**6** 将图像扫描进计算机，并选取需要的部分，调整整体。注意戒圈中间的白色椭圆形位置也需去除。

**7** 上色。上色大致分为4个步骤，即锁定图层、加深深色、提亮浅色和绘制高光。具体画法可参照第3章关于宝石上色的介绍。

**8** 调整整体，并根据需要添加细节。包括添加纹理、添加图层样式、添加背景等。具体画法可参照第3章的相关内容。

## 4.2.2　基本形态

通常用于制作首饰的金属的延展性都较好，因此可以用它们来展现多种形状。通常，金属的转折处明暗对比强烈，平缓处明暗对比较弱。

**片状白金的绘制步骤示例**

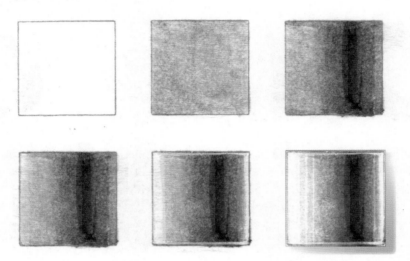

**条片状黄金的绘制步骤示例**
条片状是通过扭曲片状金属来进行变形的，绘制时注意对连接处的处理即可。

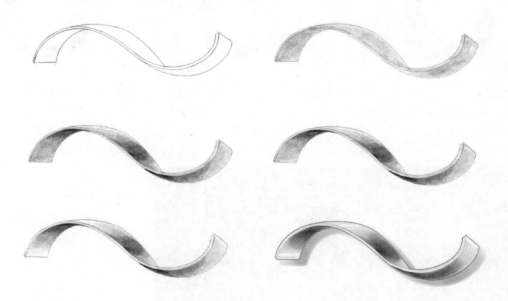

**不规则条片状金属的绘制步骤示例**
平面金属有凸面、凹面两大类，它们的画法基本相同，在转折处和断开处稍加处理，主要需要注意高光的形状和位置。

凹面不规则条片状金属的绘制步骤示例

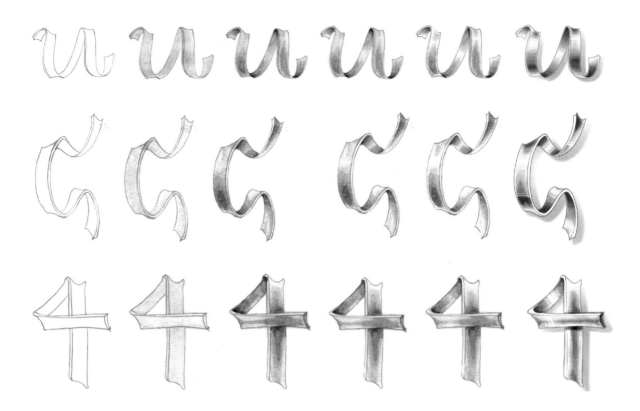

凸面不规则条片状金属的绘制步骤示例

**圆条形白色金属的绘制步骤示例**

相较于条片状而言，圆条形整体会更加圆润，可以将其理解为拉长的柱形，因此其最突出的部分位于中间位置。

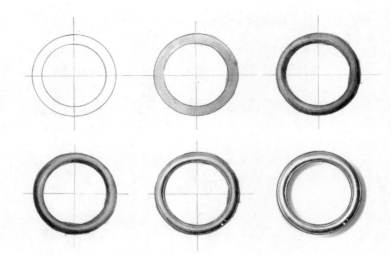

**不规则条状金属的绘制步骤示例**

如果不规则条状金属有重叠的部分，那么需要注意相应部分的阴影。

**白色金属立方体绘制的步骤示例**

可以将金属立方体理解为由 6 个平面正方形金属片组成的，图中可以看到 3 个不同角度的金属片。注意 3 个金属片的整体色调为黑、白、灰。

**白色金属圆珠的绘制步骤示例**

圆珠是素面关系中的五大调的集中体现，绘制起来稍有难度，但比较常用，需要认真练习。

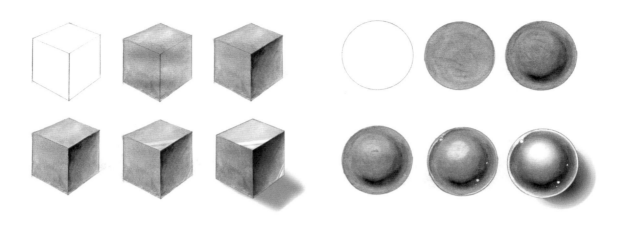

**白色金属铆钉的绘制步骤示例**

铆钉的画法与糖塔宝石的画法基本相同，需注意的是金属的棱角需要表现得更为尖锐。

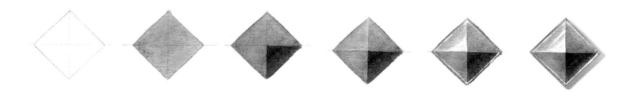

**规则戒圈的绘制步骤示例**

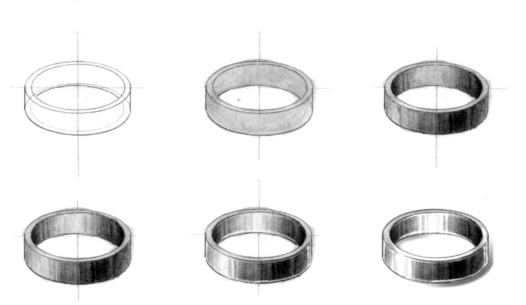

## 不规则戒圈的绘制步骤示例

不规则戒圈多为规则戒圈的变形，其基本结构仍是圆环状或空心的圆柱状。

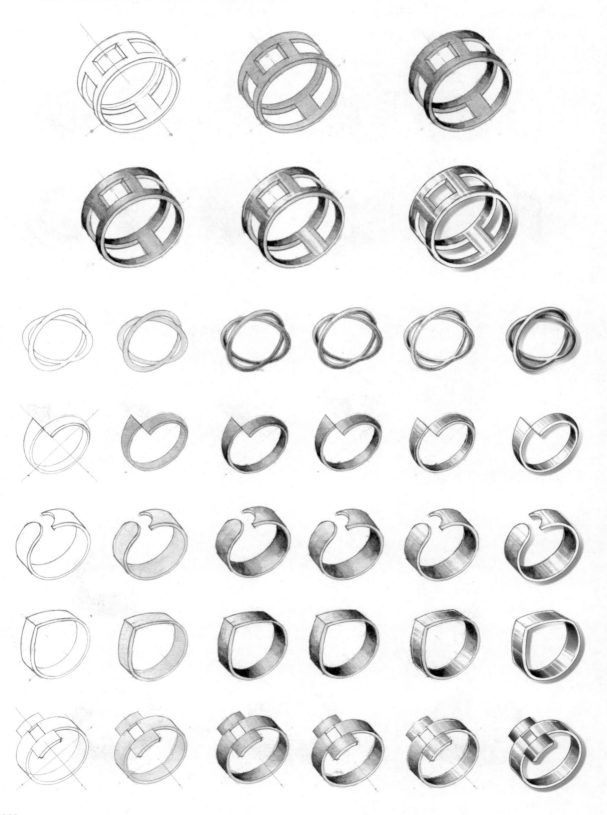

# 4.3 基本工艺及对应画法

　　首饰的制作工艺有很多，这里介绍几种常见的工艺以及对应的画法。大部分工艺的应用范围都比较广泛，并不只是用于制作首饰，如金箔常用于装饰雕像表面，镂空在门窗设计中的运用远多于在首饰中的运用。通常，一件首饰上会同时出现多种工艺，如花丝、烧蓝相结合的工艺。有的工艺是另一种工艺的基础或是它的一部分，两者之间并没有特别明确的界限。有时候不同工艺之间有着特殊的联系，如透明珐琅可以说是在镂空的基础上完成的，金银错和珐琅这两种工艺也有很多相通之处。另外，鎏金、描金、镀金等工艺，虽然在制作方法上有所区别，但在绘制时的表现手法却十分相似。

　　了解各种工艺对设计师来说至关重要。在首饰设计中，选用合适的工艺可以更好地表达相应的主题、内容或整体视觉效果。

## 4.3.1　抛光

　　抛光是首饰中最常用的表面处理工艺之一。常见的抛光效果有镜面效果、丝光效果、喷砂效果。一般经过粗磨、细磨、抛光等工序，可以将金属表面打磨成需要的效果。既可以用手工和工具进行抛光，也可以直接用机器进行抛光。另外，还有化学抛光等方法。但化学抛光多用在装饰品的制作中。

　　绘制金属时需要注意金属本身的明暗关系，表面的效果处理要基于整体的明暗关系，不可因小失大。在细节上要注意将暗部肌理表现得明显，亮部肌理可以适当减弱。

　　镜面抛光效果可以令首饰看起来更加精美夺目、圆润可爱。

**镜面抛光金属的绘制步骤示例**

**镜面抛光首饰示例**

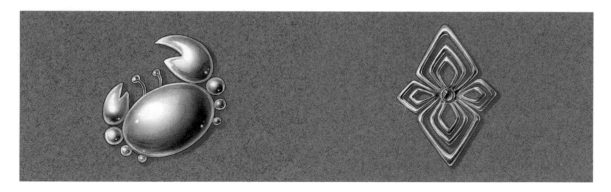

丝光抛光效果。丝光抛光效果大多会令首饰具有一定的方向感。在绘制纹理时，选择边缘较硬的笔刷，在整体明暗关系的基础上，先绘制深色纹理，后绘制浅色纹理。

**丝光抛光金属的绘制步骤示例**

**丝光抛光首饰示例**

喷砂抛光效果。喷砂抛光效果一般会令首饰显得复古。在绘制纹理时，可以根据喷砂颗粒的大小选择适当的笔刷类型。在整体明暗关系的基础上，先绘制深色纹理，后绘制浅色纹理。

**喷砂抛光金属的绘制步骤示例**

**喷砂抛光首饰示例**

## 4.3.2　电镀

电镀通常用于镀金，镀金有同材质和异材质的区别。同材质镀金大多是为了提高首饰的光泽度，异材质镀金则是在合金、银等价格较低的金属外镀一层金，这也是国内较常见的首饰电镀形式。这样做的主要目的是提高首饰的售价。此外，镀钛等可以改变金属单调的颜色，产生特殊效果。

镀金的绘制方法与金属变色的绘制方法相同。绘制时，在整体明暗关系的基础上，先深色、后浅色。其他色调的绘制方法与镀金的相似，只需在调整整体效果时注意细节，如镀黑后，整体的白色部分不要过多，反光处也不要表现得太过强烈。

**电镀黑色金属的绘制步骤示例**

**电镀黑色金属首饰示例**　　　　　　　　　　　　　　**电镀彩色金属首饰示例**

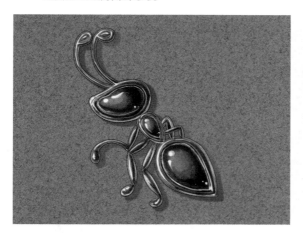 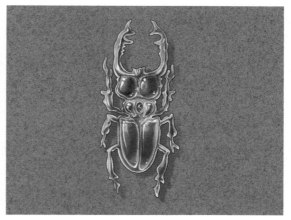

## 4.3.3　锻打

锻打原本是指将加热的金属进行塑形，这里是指制作金属表面纹理的工艺。通过不同形状的锤子等锻打工具进行锤打，可以使金属表面形成不同形状的点状肌理。锤子形状和锤打力度的不同，会产生不同的肌理。这些层层叠叠的纹理，不仅在视觉上提升了美感，更在首饰的触感上增添了趣味。

绘制时，每个纹理部分都有自身的明暗关系，但也都是在整体明暗关系的基础上，先绘制深色、后绘制浅色。最亮的部分和最暗的部分都位于图案之中，这样更有层次感。

锻打金属的绘制步骤示例

锻打金属首饰示例

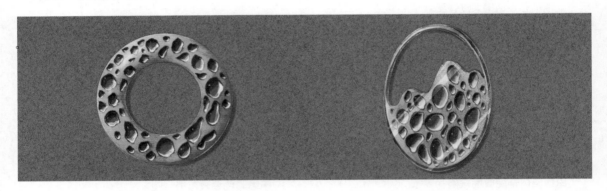

## 4.3.4 镌刻

镌刻即"雕刻",其本意是指把铭文刻在某种坚硬的物质或宝石上。在首饰制作中,镌刻主要指在金属部分"挖"出需要的图案。蚀刻工艺中的阴刻的原理与镌刻的类似,可以将镌刻理解为利用酸溶液进行雕刻的工艺。

镌刻与锻打纹理的绘制方法基本相同,每个纹理部分都有其自身的明暗关系,但都是在整体明暗关系的基础上,先绘制深色、后绘制浅色。最亮的部分和最暗的部分都位于图案之中,这样更有层次感。

镌刻金属的绘制步骤示例

镌刻金属首饰示例

## 4.3.5　浮雕

　　浮雕常用于建筑设计中，即在整片材质之上突出部分图案。在首饰设计中，能用于浮雕的宝石种类繁多，如玛瑙、绿松石等。其中，玛瑙有独特的天然渐变纹路和颜色，能够使画面更加丰富，有很强的艺术感。

　　在绘制浮雕时，在整体明暗关系的基础上，先绘制深色、后绘制浅色。调整整体效果时需注意细节，最亮的部分和最暗的部分都位于图案之上，可以强调浮雕的图案是"凸"出来的，这样画面会更有层次感。

**浮雕金属的绘制步骤示例**

**浮雕金属首饰示例**

## 4.3.6　镂空

　　传统的镂空是一种在较大的金属片上"掏"部分图案，以增强观赏性的工艺。镂空的主要方式为切割，另外也有金属编织镂空、失蜡铸造镂空等。现代在制作镂空首饰时，方法多种多样，如激光镂空、3D 打印镂空等。镂空可以给予金属其自身不具备的轻盈感，以营造"透气"的感觉。

**镂空金属的绘制步骤示例**

镂空金属首饰示例

# 4.3.7 花丝

　　花丝工艺精细、复杂，它将不同粗细的金属丝，通过编、织、掐、焊等技法制成工艺品。表面光滑的金属丝被称为素丝，经过一定的加工成为花丝。常见的花丝有竹节丝、麦穗丝、麻花丝等。花丝工艺用料少、轻盈精美、灵活多变，便于与多种工艺结合。但大部分的花丝首饰需要手工完成、耗时费力、不利于批量生产。

花丝金属的绘制步骤示例

>>> 提示 <<<

每根花丝都应当由多根素丝或加工过的素丝组成，但在绘制时多用素丝进行表现，这样不但能够避免在视觉效果上显得凌乱，而且方便设计师与客户更好地进行理解沟通，减少绘制时耗费的时间。

花丝金属首饰示例

# 4.3.8 珐琅

珐琅是将金属和釉料结合的工艺，它的色彩表现力极强。珐琅可以简单地分为金属胎底珐琅和空窗珐琅两大类。金属胎底珐琅主要有掐丝珐琅、嵌胎珐琅，其效果繁复多彩、精致美观；空窗珐琅即透明珐琅，其效果清透灵动、富于变化。两种工艺各有千秋，优质的珐琅首饰样式精美、色彩丰富，有着较高的观赏性和商业价值。

金属胎底珐琅的绘制步骤示例

金属胎底珐琅首饰示例

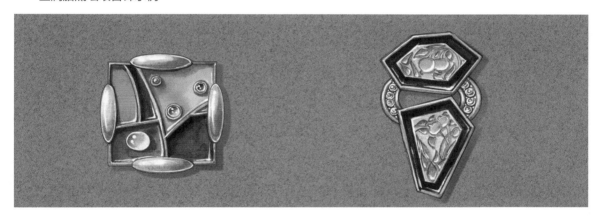

透明珐琅的绘制步骤示例

透明珐琅首饰示例

## 4.3.9　金银错

　　金银错也称错金银，有镶嵌和涂抹两种方式。现代常见的金银错使用的是镶嵌方式，主要用于装饰。金银错虽名为"金银"，但材质并不局限于金、银，也常用铜、铁等金属。金银错工艺的大致流程是先在胎体上做出细致的凹槽，然后填入另一种金属，再将表面整理平整。木纹金的样式与金银错的效果几乎相同，但它们的制作方式不同。金银错的图案的形成不刻意，因而充满意外和趣味性。

**金银错的绘制步骤示例**

**金银错首饰示例**

 **镶嵌及对应画法详解**

## 4.4.1　基础知识

　　镶嵌有多种类型，其主要作用是配合设计师的设计理念和设计的具体内容、形式，或配合宝石本身的光泽和特点等来制作首饰。简单来说，镶嵌就是将两种不同的材质连接到一起，主要是指将金属和宝石结合。基础的镶嵌类型是包镶和爪镶，另外还有蜡镶、轨道镶等。相同的镶嵌类型也会有多种不同的形式，而不同的镶嵌类型呈现出的效果有时从外观上来看却十分相似。通常在同一件首饰上，会混合多种镶嵌类型。

　　笔者按个人理解将常见的镶嵌方法分为六大类，分别为包镶、爪镶、珠镶、整体镶嵌、综合镶嵌以及其他类型。

## 4.4.2 镶嵌类型简介

### 1. 包镶

包镶是一种牢固又传统的镶嵌方法，即通过推压金属壁，将宝石包起来，以达到固定宝石的目的。金属部分主要由底部衬片和立面金属壁两部分组成。这种方法多用于已抛光、未琢磨的宝石。通常情况下，包镶莫氏硬度较小的宝石时会选择硬度较小的金属，这样在镶嵌和抛光的过程中，对宝石会起到一定的保护作用。

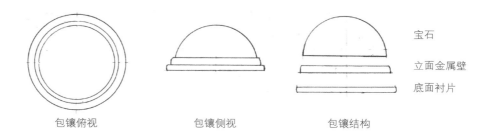

包镶俯视　　　　　　包镶侧视　　　　　　包镶结构

宝石

立面金属壁

底面衬片

应选取高度合适的立面金属壁。金属壁太低会无法牢固地承载宝石，太高则会过度包镶，影响首饰的美观程度。

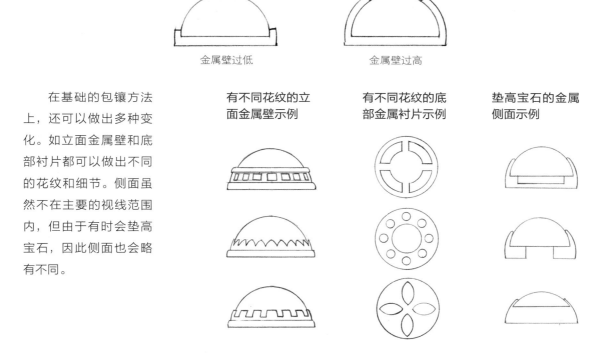

金属壁过低　　　　　　金属壁过高

在基础的包镶方法上，还可以做出多种变化。如立面金属壁和底部衬片都可以做出不同的花纹和细节。侧面虽然不在主要的视线范围内，但由于有时会垫高宝石，因此侧面也会略有不同。

有不同花纹的立面金属壁示例

有不同花纹的底部金属衬片示例

垫高宝石的金属侧面示例

包镶的过程大同小异，先制作合适的完整底座，放入需要镶嵌的宝石，再压紧金属壁并进行抛光。制作底座时，可以将需要镶边的内部铲低，也可以在立面金属外包裹更大的金属片，还可以在镶边内侧焊环，只要能够固定宝石底部即可。压紧金属壁时，通常按照先上、下、左、右，再左上、右下、右上、左下的顺序加工，循环往复，然后进行整体调整。

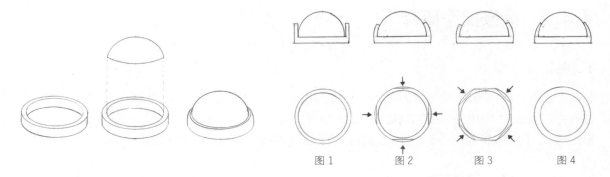

图 1          图 2          图 3          图 4

包镶前的宝石在视觉效果上会比包镶后的略小一些。对比步骤图中的图 1 和图 4，图 4 中镶好的宝石显得略小于图 1 中的宝石。

### 包镶首饰示例

## 2. 包镶变形

管镶、顶镶、锥镶等在工艺上与包镶不尽相同，且拥有各自的优势和劣势，但其成品在视觉效果上却十分类似。

管镶既可以理解为侧面较高的包镶，也可以理解为一管两镶，是设计感较强的镶嵌方式。

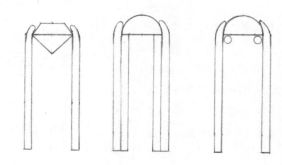

### 管镶示例

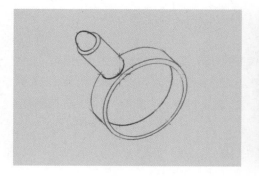

### 管镶首饰示例

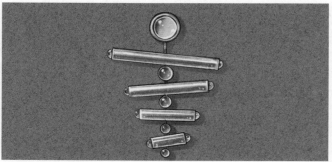

顶镶可以增强宝石的亮度。

  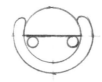

顶镶示例　　　　　　　　　　　顶镶首饰示例

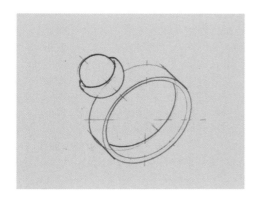 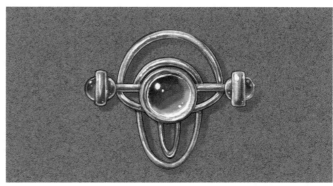

锥镶可以保护宝石的腰线。

锥镶示例　　　　　　　　　　　锥镶首饰示例

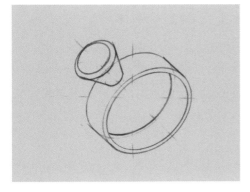 

## 3. 爪镶

　　爪镶是采用适当长度的金属爪扣住宝石的镶嵌方法。爪镶主要由底托和爪两部分组成，根据具体的设计需求，有时底托可以省略，有时底托和爪可以一体化。这种镶嵌方式裸露的宝石较多，并且在视觉上有增大宝石面积的作用，能够较好地体现宝石的光泽、透明度、颜色等特性。但因为宝石的裸露面积较大，所以爪镶更适合硬度大的宝石，因此多应用于较为贵重的刻面形宝石。

爪镶的分类方式较多，既可以根据爪的数量进行分类，如"四爪镶""六爪镶"，也可以根据爪的断面形状进行分类，如"圆爪镶""心形爪镶"。

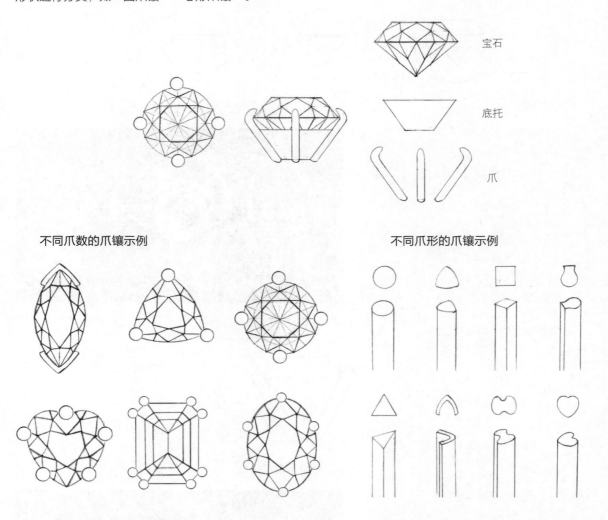

不同爪数的爪镶示例

不同爪形的爪镶示例

在镶嵌过程中，可以根据宝石的具体大小调整底托的大小及爪的粗细。一般来说，越大的宝石，对应爪会越粗，因为镶嵌是以牢固为首要准则的，其次才是美观。

无论是几爪镶嵌，其过程大致相同。这里以四爪镶为例简述镶嵌步骤。先制作底托，在适当的位置车卡口，然后下石，最后修整爪的部分。

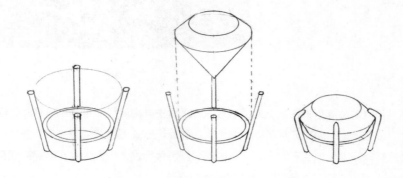

爪镶示例

爪镶首饰示例

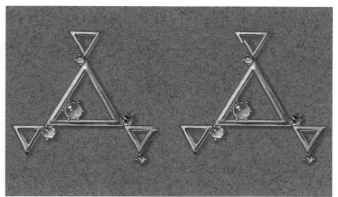

## 4. 爪镶变形

冠镶、篮镶等可以算是爪镶的一种变形。

冠镶的侧视图与皇冠相似。

冠镶示例

冠镶首饰示例

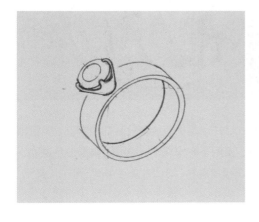

篮镶可以理解为没有底托的爪镶。篮镶可以用很少的金属来镶嵌宝石，并能够清晰地展现宝石的整体效果。

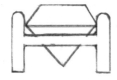

篮镶示例

篮镶示例

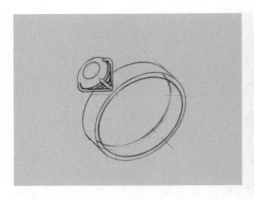

篮镶首饰示例

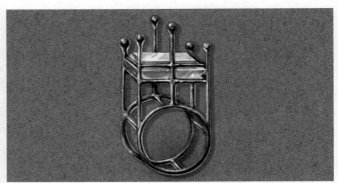

## 5. 珠镶

珠镶可以按珠子的打孔方式进行分类,一般分为半孔珠、全孔珠、无孔珠。

半孔珠通常用珍珠镶。珍珠镶是指以镶嵌珍珠为主的镶嵌方法,但镶嵌材质并不局限于珍珠。珠镶也常用于半孔的各种珠形宝石,它们多为不透明宝石,如珊瑚珠、砗磲珠、绿松石珠等。珠镶的过程大致分为两步:第一步是在珠子上打一个半孔,第二步是以胶连接金属针和宝石。当镶嵌技术很好,即半孔与金属针的大小掌握得很好时,可以不用胶水。

螺旋的金属针可以更好地固定珠子。

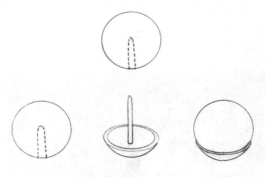

半孔镶首饰示例

全孔珠就是有贯穿孔的珠形宝石,一般采取柱镶或结绳的方式。柱镶是指用金属柱从孔中穿过,其顶部或底部可以进行一定的装饰。结绳使用的材料包括绳子、金属链,多用于制作珠串。结绳时需要注意两点,一是在选择绳子颜色时,通常要与珠子本身的颜色相同或相近;二是根据需要,可以在珠子中间加隔片、绳结、金属珠等配件。在使用金属链连接珠子时,要注意宝石的材质。

通过柱镶镶嵌多颗宝石时,两颗宝石中间一般会用金属珠子等小隔珠进行分隔。

柱镶示例

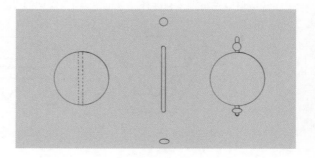

柱镶首饰示例

全孔珠镶嵌首饰示例

结绳珠串示例

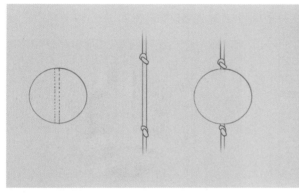

结绳珠串首饰示例

　　对于无孔珠，要根据珠子的材质等具体情况确定镶嵌方案，常见的镶嵌方式有笼镶、缠绕镶等。由于笼镶和缠绕镶也常用于其他类型宝石的镶嵌，因此将这两种镶嵌方式及其示例步骤放在"其他类型"部分。

## 6. 整体镶嵌

　　整体镶嵌主要包括密镶、轨道镶、无边镶等，通常是将细小的宝石，按照一定的规律进行排布，从而覆盖首饰的表面部分或全部区域。

　　密镶可以理解为将成排的纹镶宝石，排列成一片的镶嵌方式。常见的密镶有并排摆放和错位摆放两大类。

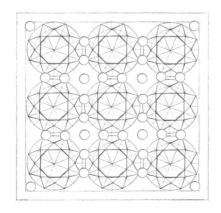

密镶首饰示例

轨道镶也称夹镶或壁镶，与密镶的镶嵌形式基本相同，主要区别在于轨道镶中的宝石为多颗粒且呈排状的。轨道镶适用于镶嵌一系列小颗粒的宝石，常见的用于进行轨道镶的宝石琢型有方刻面形、梯方形和圆刻面形。

轨道镶首饰示例

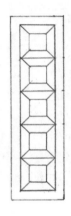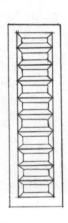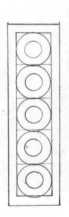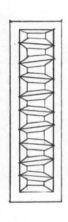

轨道镶有等宽、不等宽、弧形、橄榄形和其他形状的外形，是比较有设计发展空间的镶嵌工艺之一。

变形轨道镶首饰示例

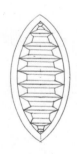

无边镶又称"隐形"轨道镶，与轨道镶相似，但在无边镶饰品的正面，在宝石与宝石之间，完全看不到用于镶嵌的金属爪，它是一种难度极大的镶嵌工艺。无边镶虽然工艺复杂，但优点众多，镶嵌效果简洁悦目，最能体现宝石的光泽感和体量感，可以使小宝石展现出大块面，深受市场的欢迎。

无边镶的车口在宝石上，而不是在金属上。这是无边镶与其他镶嵌方式在工艺上的最大区别。

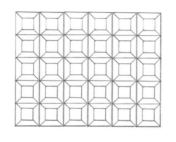

无边镶首饰示例

## 7. 综合镶嵌

综合镶嵌主要分为两大类：一类是在同一颗宝石上使用多种镶嵌方式，另一类是在一件首饰中的多种宝石上使用多种镶嵌方式，如将爪镶与篮镶结合。一件首饰中通常会用到多颗宝石，宝石的大小、形状、硬度等各不相同，适合它们的镶嵌方式自然也不同。各种镶嵌方式同时使用，并同时出现在同一件饰品上的情况十分普遍。

**管镶与爪镶结合示例**　　　　　**密镶与锥镶结合示例**　　　　　**包镶与密镶结合示例**

**包镶、爪镶与密镶结合示例**　　　　　**包镶、轨道镶与珠镶结合示例**

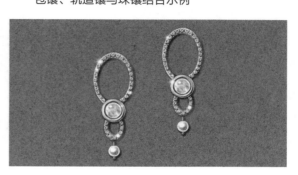

## 8. 其他类型

　　除常见的镶嵌方式外，还有许多富有创造力与美感的镶嵌方式，如铸镶、笼镶、缠绕镶、旋转镶、倒置镶、从背部进行镶嵌等。

　　铸镶是以失蜡法为基础的镶嵌方式。在蜡模中固定宝石，可以铸造出任意形状的金属，理论上也可以镶嵌任意形状的宝石，便于操作，但是需要选择耐热、耐压的宝石。

**铸镶示例**

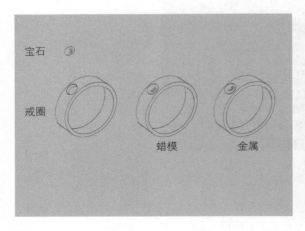

**铸镶首饰示例**

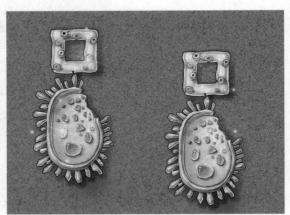

　　笼镶多用于镶嵌无孔珠形宝石和异形宝石。如果将笼形设计成开关式的，不做固定镶嵌，则可以制作可以更换宝石类型的首饰。

**金属较少、偏缠绕式的笼镶示例**

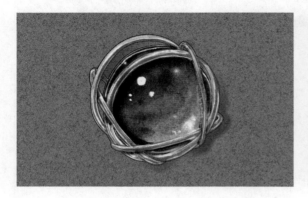

**金属较多、偏盒式的笼镶示例**

缠绕镶主要是一种以金属丝固定金属与金属、金属与宝石的镶嵌方式，常与包镶等镶嵌方式结合使用。金属线既可以在宝石的外部进行缠绕，从内部穿过，也可以采用内外结合的方式固定宝石。

**缠绕镶首饰示例**

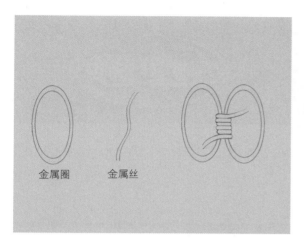

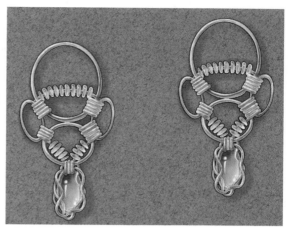

旋转镶常用于整体有多个展示面的宝石，如双面雕件。同时它也常用于镶嵌在同一镶座上的一颗或两颗不同的宝石。绘制旋转镶时，只需把旋转的多个面表现出来即可，外面相同的部分可以用计算机进行处理。

**旋转镶示例**

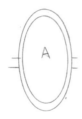

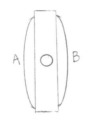

旋转镶首饰示例：双面镌刻的同颗主石。

旋转镶首饰示例：双面材质不同、大小相同的主石。

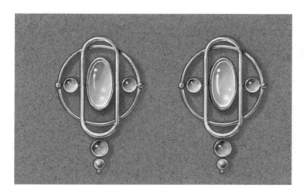

在绘制倒置镶首饰时需注意亭部的透视关系。

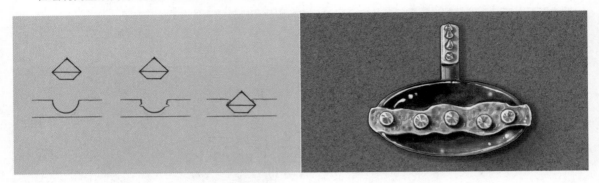

从背部进行镶嵌可以保持首饰正面的平整，给人一种干净的感觉，其效果与平镶的相似。在绘制时需要注意，宝石面一般比金属面低，光源方向有阴影。

**从背部镶嵌的首饰示例**

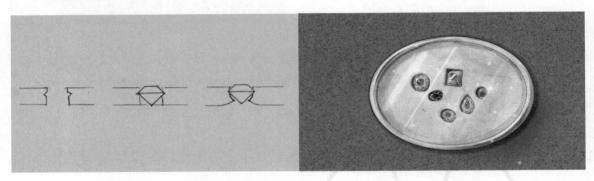

# 4.5 常见配件

## 4.5.1 金属链

    金属链在项链、手链中很常用，它的很多链形都是固定的。常见的金属链有环形链、蛇链等。在设计时，通常只需选择链形，并确定长度即可。在绘制金属链时，需要注意整体的光感，不要局限于某一处上。下面以黄金环形金属链为例，进行绘制步骤的介绍。

### 1. 环形链

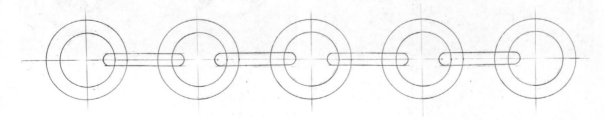

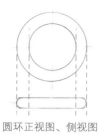

圆环正视图、侧视图

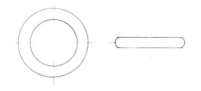

选取需要绘制的部分

**1** 绘制草图并分析，将需要绘制的部分选取出来。基础环形链是由等大的圆环形金属组成的，需要注意的是，在两个圆环的正视图中间是一个圆环的侧视图，因此在绘制时需要注意尺寸，使尺寸和厚度是合理的。

**2** 平涂选取的部分。这里选用水粉颜料进行绘制，在黑色颜料中加入适量的水，调出浅灰色，不要加白色颜料，沿轮廓线进行填充。

**3** 绘制暗部。继续选用水粉颜料进行绘制，在黑色颜料中加入适量的水，调出深灰色，沿明暗交界线绘制金属的暗部。

**4** 绘制亮部。选用白色颜料加入适量的水，画出亮部，与暗部交接的部分用清水晕开，使其过渡自然。

**5** 将图案扫描进计算机，选出需要的部分并完善其主体。这里主要需要建立选区、修整边缘、调整对比度，并根据需要的材质调整颜色，表现出金属表面的肌理等。

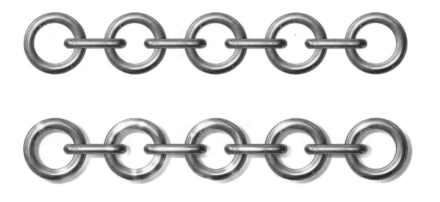

**6** 完善整体，即将所选部分拼接成所需形状。

**7** 注意整体的光感表现，即近实远虚。可以直接选择添加图层效果，但要注意图层的分布，以及叠加部分是否有阴影等细节。

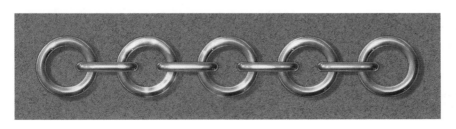

**8** 适当添加背景等效果。

## 2. 其他链形

常见的金属链链形非常多，有相同形状、不同材质的，也有相同形状、相同材质、不同尺寸的。但在绘制时，步骤基本都是相同的。以下为不同形状的常见链形，但并不局限于此。

咖啡链                                          波浪形链

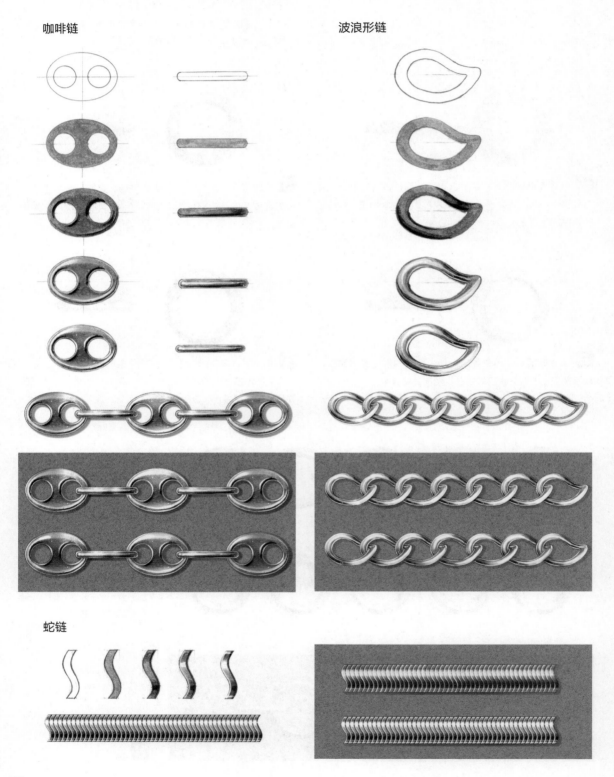

蛇链

扁形链

"八"字链

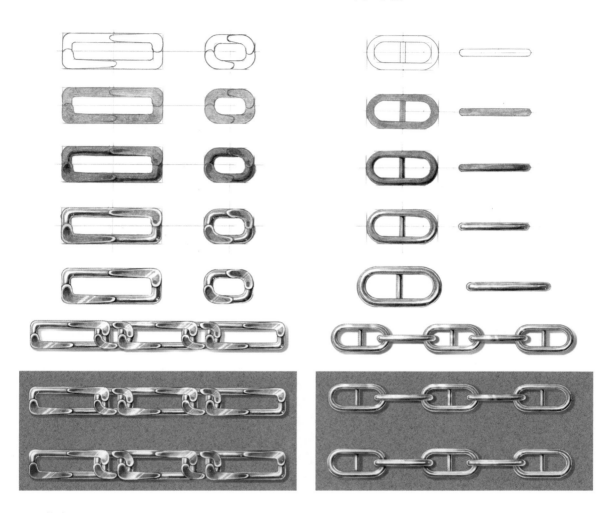

花式链

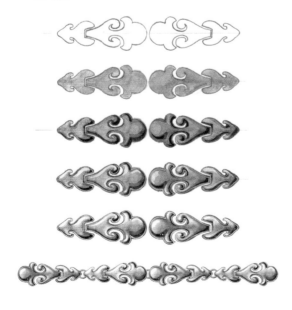

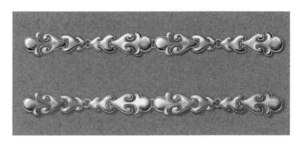

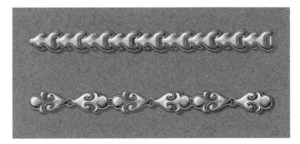

## 4.5.2 连接扣

连接扣有两个大的分类，一类是吊坠上的组成部分，在连接吊坠与链时起到关键作用。这类连接扣的扣头有很多种，但设计款的连接扣一般都需要匹配吊坠整体的形式或内容。另一类是因为手链和项链有不同的长度，并且在日常佩戴时需要取下或带上，所以开口处需要适当进行处理，这便有了开口处的扣头。

除非需要具体标注连接方式和尺寸，或做常规设计以外的其他改动，通常不必单独绘制连接扣，只需简单标注即可。

### 1. 按扣

按扣的形式比较多，常见的按扣由两个连接绳或链两端的"蛇头"，以及一个可以开关的"小盒子"组成。"小盒子"的形状是多种多样的，它主要起到开合的作用，方便佩戴。

常见的按扣形状

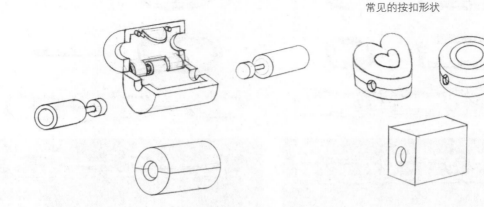

### 2. 弹簧扣

弹簧扣中间的环内装有弹簧开关，外部焊接了一个有开口的小圆环，它是特别常见的开关扣。除具有开关功能外，弹簧扣也便于调节链条的长短。

### 3. 龙虾扣

龙虾扣的外形似龙虾，其原理与弹簧扣的相似。

### 4. "OT" 扣

"OT"扣是圆形与直线的巧妙结合。"OT"扣可以基于基础款做很多配合主题或主体的花纹等样式。

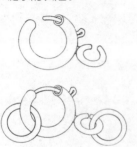

## 5. 开关箱

开关箱是一种双保险扣。"箱"的部分可以和首饰结合，使首饰整体更加精美牢固。

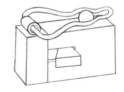

## 6. 螺丝扣

螺丝扣是根据扣的连接方式命名的。通常螺丝扣的两端外观相同，中间以螺旋的形式进行连接，两侧可以制作成各种形状。

其他螺丝扣

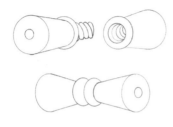

## 7. "8"字扣

"8"字扣可以理解为螺丝扣的变形，因为"8"字扣的开关部分也采用了螺旋的形式。"8"字扣的整体外形与阿拉伯数字"8"相似。

## 8. "S"形扣

"S"形扣是根据其外形命名的，通常是一侧焊接固定，另一侧通过掰动进行开关。"S"形扣多用于手链的连接处。

## 9. "W"形扣

"W"形扣也叫"M"形扣，其与"S"形扣基本相同，也是根据外形命名的。"W"形扣的一侧通常是焊接固定的，另一侧则需要用手进行开关，多用于项链的接口处。

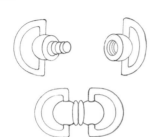

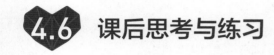

# 4.6 课后思考与练习

通过对本章的学习，读者可以掌握各类金属及其基本工艺的绘制方法。可以根据以下线稿进行上色练习。

练习一：全黄金材质，喷砂、浮雕工艺。

练习二：白金材质，镜面抛光工艺，蓝色水滴形弧面宝石。

第 **5** 章

# 手部首饰设计手绘实例表现

——

根据佩戴位置的不同，可以将首饰分为手部首饰、头部首饰和其他首饰三大类。本章主要介绍手部首饰的绘制方法和表现技巧，从首饰的各类形态入手，共包含 4 种类别的手部首饰结构、形态的总结，绘制的详细说明，以及笔者总结的一些技巧。本章主要介绍戒指、手链、手镯和手表 4 种手部首饰设计手绘的表现。在学习时要注意有所侧重，除了对首饰本身的设计和绘制，其三视图、展开图也非常重要。

# 5.1 戒指

## 5.1.1 戒指的结构

在珠宝首饰设计中，戒指设计所占的比例极高。戒指是珠宝店铺销售的重点，也是珠宝定制中占比较大的类目。

戒指主要由戒面、戒肩、戒圈、指圈 4 个部分组成。戒面是位于指背上的主要用于装饰的部分，在展开图中通常位于中心位置，一般由主石或主要内容组成，是整个戒指的主题表现。戒肩是戒面部分的陪衬，起到连接戒面与戒圈的作用，通常由副石组成，其图案与造型的变化都是为了衬托戒面主题。戒圈能够起到固定戒面和戒肩的作用，是戒指的基本组成部分。需要注意的是，指圈、戒圈、戒臂指的是不同的位置。最简单的戒指只有戒圈部分，没有过多的装饰。指圈尺寸是手指的周长。

可以对照下面的小女孩抱篮球的简笔画对戒指的结构进行理解。画面中主要展示的是小女孩的头部，即主石。小女孩佩戴的装饰用以衬托小女孩的美，即副石。篮球轮廓即指圈大小。

**戒指结构图 + 辅助理解图**

根据戒圈的形式，可以将戒指分为多种类型，主要为闭口式戒指和开口式戒指，以及这两种形式的延伸类型。从辅助理解图上看，小女孩十指紧扣就是闭口式，双手分开就是开口式。

**闭口式戒指及其部分延伸类型**

 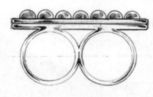  

**开口式戒指及其部分延伸类型**

设计闭口式戒指时，需要特别注意指圈的尺寸。相同的戒面样式，如果指圈的大小不同，会发生相应的变化。

在如今的商业款式戒指中，多用可调节的戒圈。这样做的好处较多，既可以降低存货成本，扩大受众范围，又可以免去改圈的加工费。通常在改圈时，只能改正、负两个圈号，改得过大或过小，都会使戒指变形。

# 5.1.2　戒指的三视图

## 1. 三视图的概念及绘制步骤详解

相较于其他类型首饰的三视图，戒指的三视图特别重要。在画戒指时，通常由戒面画起，因为戒面上的主石往往是特定的，其尺寸不能改变。这里选取单主石戒指的简单款式进行戒指三视图的绘制示范。裸石为约 9mm×11mm×4mm 的蛋面，指圈大小为港码 14#，镶嵌方式为包镶。希望读者重点理解各个步骤，掌握绘制方法。

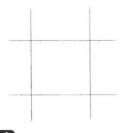

**⚫⚫ 提示 ⚫⚫**

这一步是针对所有需要绘制三视图的饰品的。部分饰品只需主视图、侧视图或只需主视图，可跳过此步骤，直接从绘制主视图开始。

**1** 绘制辅助线。

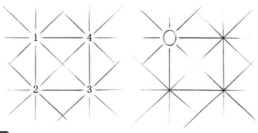

**2** 画出主石的俯视图。在 "1" 的位置画出主石的俯视图。如需测量主石的大小，则应尽量选择高精度的卡尺，通常以 mm 为单位，数据保留到小数点后两位。主石的尺寸是 12mm×9mm，即长为 12mm、宽为 9mm 的椭圆形。

**3** 确定指圈尺寸。选择好宽度后，用圆规或模板尺作为辅助工具，在水平线上进行标记。注意，戒壁是有一定厚度的，因此在标注时需要在实际指圈的左右两侧各加 2mm。左图为绘制步骤图，右图为辅助理解图。红色标记为指圈宽度，即两红点间的距离为 17mm。绿色标记为戒圈宽度，即两绿点间的距离为 21mm。同侧的红点与绿点之间的距离为 2mm。在这一步骤中，一般只是确定戒圈的位置，并不进行绘制。因为如果有较夸张的戒指款式，就会出现戒面遮住戒圈的情况。

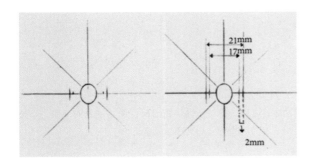

**4** 画出宝石的镶嵌结构及形状。左图为包镶的位置，包镶起到固定和保护主石的作用。右图为包镶的延伸结构，起到美化戒指的作用，不是镶嵌的必要部分。

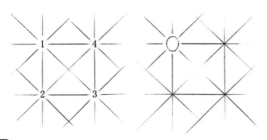

**5** 确定戒圈的宽度。左图为戒圈宽度的辅助线，右图为戒圈的尺寸。注意边缘的形状，一般会有 1mm 左右的弧度，这样可以提高佩戴的舒适度。到这步为止，俯视图基本完成。

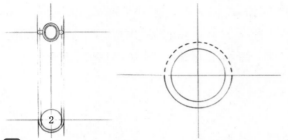

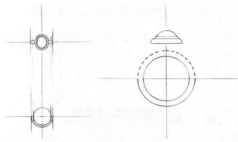

**6** 绘制正视图。在"2"的位置，用圆规辅助画出与手指尺寸对应的戒圈、指圈。戒肩的位置需要空出来，即指圈画圆，戒圈画半圆。

**7** 在戒圈上合适的高度处画出宝石及其镶嵌结构。先画辅助线，再完善需要绘制的部分。注意尺寸的对应和高度的选择。

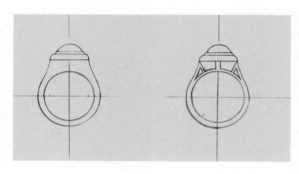

**8** 画出戒肩的形状。戒肩的形状有很多，设计时以舒适、美观为主。先画出戒肩的外轮廓，如图左所示。再根据实际设计需求和已有的经验画出镂空部分，以控制整体的金重。戒肩有很多作用，一是有些宝石与皮肤接触后会被氧化，戒肩撑起宝石，对宝石起到保护作用。二是有些宝石需要充足的光线才能更加闪耀，戒肩撑起宝石，可以给予光线足够的空间。再者，宝石的底部是有一定形状的，如钻石的亭部是比较尖的，并不适合直接接触皮肤。

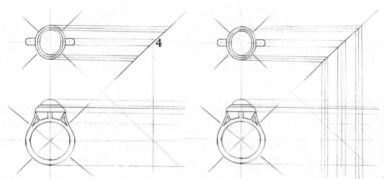

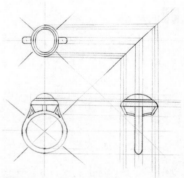

**9** 根据"1""2"位置的两图画出辅助线。先画所有横向的辅助线。注意"4"的位置，每条横向辅助线只画到与45°辅助线相交的位置。在45°辅助线与横向辅助线的交点处，向下作垂线。

**10** 画出侧视图。注意对应整齐，适当添加弧度。

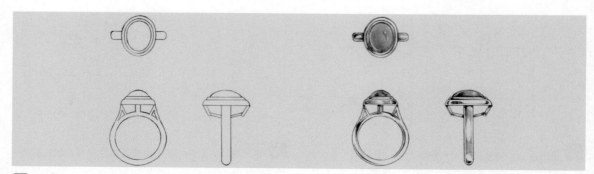

**11** 擦除辅助线，细化花纹和材质效果，适当做出一定的立体效果。

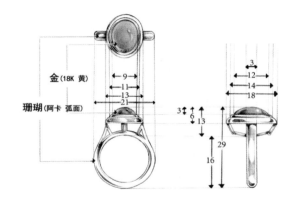

金(18K 黄)

珊瑚(阿卡 弧面)

单位: mm

**12** 标注尺寸和材质。尺寸图通常以线段和小三角配合。"1"和"2"相同的尺寸通常写在二者之间。"2"和"3"相同的尺寸也是写在二者之间。这样不仅避免了重复，也使得整体更加清晰。在一定范围内，最好可以根据一定的规律来进行标注，如数值的排列是由大到小或者是由小到大的，这样可以有效地避免漏填、错填。标注时要在明显的位置注明单位。

## 2. 三视图实例

### 普通四爪镶戒指三视图实例

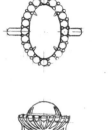

### 爪镶延伸，多爪镶戒指三视图实例

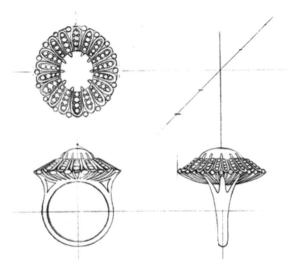

### 爪镶延伸，变形爪镶戒指三视图实例

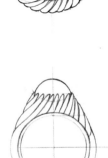

包镶戒指三视图实例

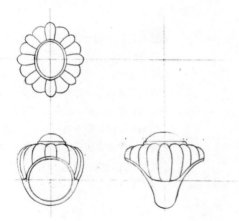

珍珠镶戒指三视图实例

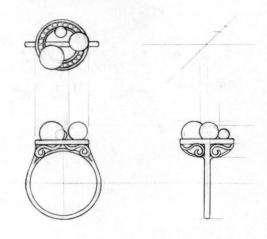

包镶延伸，在包镶的金属上添加滚珠纹的戒指
三视图实例

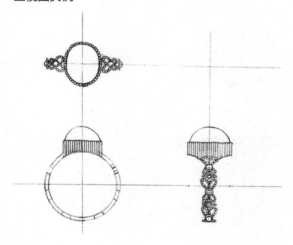

珍珠镶延伸，顶部镶钻的戒指三视图实例

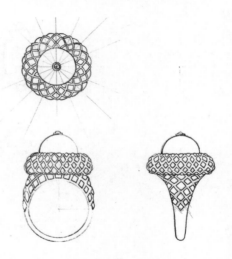

包镶延伸，在包镶的金属上添加麻绳纹的戒指
三视图实例

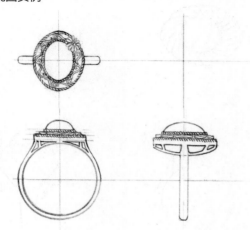

变形珍珠镶与包镶结合的戒指三视图实例

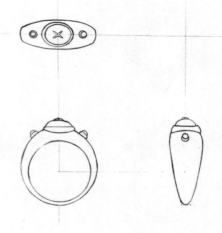

# 5.1.3 戒指的展开图

当三视图不易表现设计中的细节时，需要配合使用展开图，作为制作的依据和标准。接下来，以一款简单的戒指为例介绍戒指展开图的绘制方法。

**戒指的三视图、展开图及效果图**

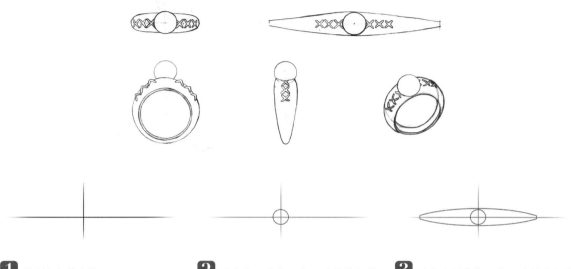

**1** 绘制十字辅助线。

**2** 确定主石的位置和尺寸并进行绘制。一般情况下，主石在戒指的展开图中位于正中。

**3** 确定戒圈的位置和尺寸并进行绘制。戒圈的周长可参照手寸对照表。需要注意的是，手寸对照表的周长是指圈的周长，需根据戒圈直径比指圈直径多约 4mm 求得戒圈周长。

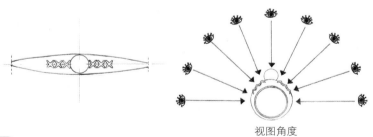

视图角度

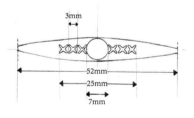

**4** 确定戒肩和戒臂的图案、位置和尺寸，并绘制细节。绘制时需要注意，此时戒指的每个部分都是俯视图。

**5** 擦除辅助线并标注尺寸。展开图是为了配合三视图和效果图展示设计中的细节的，以简单明确为标准。

# 5.1.4 戒指的效果图

## 1. 效果图绘制详解

戒指的立体图需要从多个角度进行表现，而戒指的效果图则只需选取一个最能体现戒指的美的角度进行表现即可。

由于戒指要表现的主题内容通常都在戒面上，因此既可以选取正视图方向的效果图，也可以从 45°的透视角度进行表现。这个角度可以理解成戒指的"证件照"，既能够反映戒面的结构关系，又可以表现戒圈的结构关系。此处的绘制步骤较为详细，后续章节将对相同的步骤进行整合，具体绘制步骤如下。

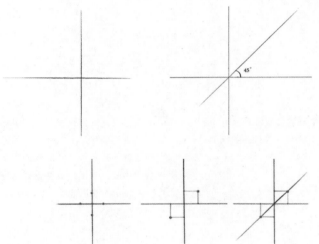

◆◆◆ 提示 ◆◆◆

在仅有直尺的情况下，可以按左图所示的方法画 45°方向的辅助线。以绿点为中心，在距其上、下、左、右 10mm 的位置做标记，即在左 1 图中的 4 个红点处做标记。"十"字辅助线上的 4 点向左、下、右、上方向做垂线，如左 2 图所示。将左 2 图中的两个红点与"十"字辅助线的中心相连，该直线即45°方向的辅助线。

**1** 确定透视角度，绘制"十"字辅助线和一条 45°方向的辅助线。

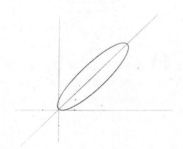

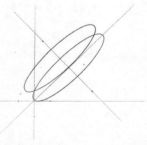

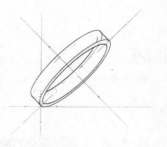

**2** 画出戒圈的透视角度。在有模板尺的情况下，可以直接按相应的尺寸和角度进行绘制。

**3** 画出戒圈的宽度。在日常款式中，女戒的宽度为 1.5~2.5mm，男戒的宽度为 3~5mm，但其实也并无明确规定。例如女戒中有很多夸张的装饰戒的戒臂很宽，远远超过普通男戒的宽度。

**4** 画出戒圈的厚度，通常为 2mm。

**5** 画出主石及镶嵌结构。主石的透视角度与戒圈的透视角度保持一致。

**6** 画出副石等配饰。副石的透视角度应与戒圈、主石的透视角度相同。当主石较大时，副石通常会被主石遮挡一部分，但是必须先将全部的副石画出来，然后擦去被遮住的部分，以确保透视的准确。

**7** 完善线稿，擦除辅助线。

**8** 扫描线稿，在计算机上试色。在线稿图层上新建图层，选择正片叠底，根据所需材质，在对应的地方涂上合适的颜色。可以进行多次试色，配色时应遵循基本的色彩搭配原则。

**9** 根据所需材质、颜色，铺设底色。

**10** 根据光源，画出各部分深色区域，重叠的部分要注意画出阴影。

**11** 根据光源，画出各部分浅色区域，包括高光。

 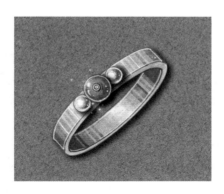

**12** 将底稿扫描进计算机，提取需要的主体部分，调整整体的对比度、色调、亮度等。调整细节，添加效果（背景、光、阴影等）。在添加效果时需注意整体光源是否合理。

## 2. 效果图实例

以植物为主题的戒指效果图实例

以动物为主题的戒指效果图实例

以人物眼睛为主题的戒指效果图实例

# 5.1.5　戒指手寸

## 1. 戒指手寸对照表

戒指的尺寸被称为手寸，通常用号来表示。由于各国人群之间的生理及文化差异，因此目前国际上并没有统一的手寸尺码标准。常用的手寸尺码有港标、美标等，目前国内多用港标。女款的常规港标手寸范围是11~14 号，男款的常规港标手寸范围是 17~20 号。

| 参考 | 女士小号（较小） | | | | 女士均号 | | | | 女士大号 | |
|---|---|---|---|---|---|---|---|---|---|---|
| 港号（NO.） | 7# | 8# | 9# | 10# | 11# | 12# | 13# | 14# | 15# | 16# |
| 周长（mm） | 47 | 48 | 49 | 50 | 51 | 52 | 53 | 54 | 55 | 56 |
| 直径（mm） | 14.90 | 15.25 | 15.55 | 15.85 | 16.45 | 16.50 | 16.80 | 17.20 | 17.50 | 17.75 |

| 参考 | 男士均号 | | | | 男士大号 | | | | 男士小号 |
|---|---|---|---|---|---|---|---|---|---|
| 港号（NO.） | 17# | 18# | 19# | 20# | 21# | 22# | 23# | 24# | 25# |
| 周长（mm） | 57 | 58 | 59 | 60 | 61 | 62 | 63 | 64 | 65 |
| 直径（mm） | 18.15 | 18.40 | 18.75 | 19.05 | 19.30 | 19.70 | 20.00 | 20.30 | 20.65 |

## 2. 戒指手寸的测量方法

指圈的测量方法有很多。一是购买标准戒指圈进行测量，它分为塑料和合金两类，价格由几元到几十元不等。如果使用次数较少，则只需购买塑料戒指圈即可。二是前往珠宝店由工作人员进行测量。三是用软皮尺直接测量，然后对照尺寸表，选择相应的号。四是准备直尺和细绳，用细绳绕需要测量的手指一圈，在两侧的交叉处用记号笔标记，用直尺量出标记的长度。测量时必须将细绳拉直，使其紧贴直尺，然后对照尺寸表，选择相应的号。

应该注意的是，由于季节和时间等客观因素，测量尺码时会有相应的变化。夏季较热、冬季较冷，由于热胀冷缩原理，测出的尺码会略有差异。早晚人体会稍有浮肿，这一时期的测量结果与白天的测量结果也略有差异。另外用戒指棒测量指圈时，测量尺码会有一定偏差，但这偏差在一定范围内。相对而言，在白天测量佩戴位置的周长能得到较为准确的尺码。

# 5.1.6  戒指的形态

戒指虽小，但其形态结构的变化却很多。接下来将常见的戒指形态结构进行分类，分为主体、装饰两个部分。这两部分可交错，亦可延伸出多种变化。

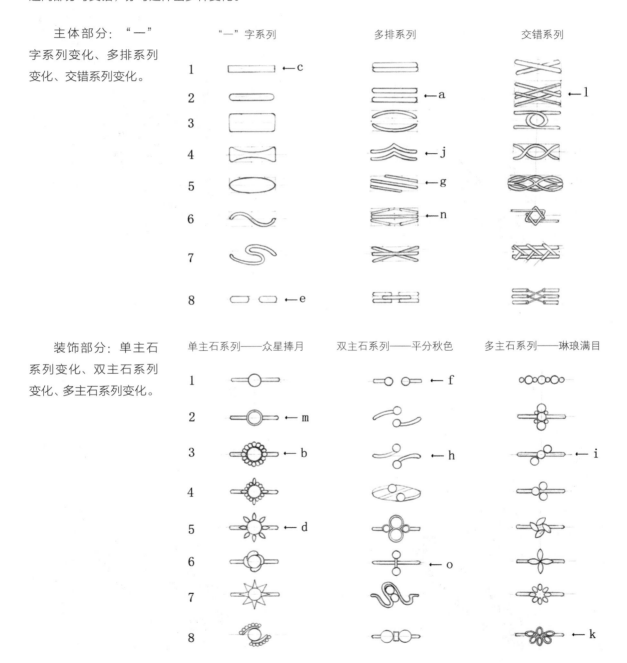

主体部分："一"字系列变化、多排系列变化、交错系列变化。

装饰部分：单主石系列变化、双主石系列变化、多主石系列变化。

主体部分的各种变化可与装饰部分的各种变化相互结合。

将主体部分多排系列中的第二个形态与装饰部分单主石系列中的第三个形态相结合，得到如下所示的结合效果。

将主体部分"一"字系列中的第一个形态与装饰部分单主石系列中的第五个形态相结合，得到如下所示的结合效果。

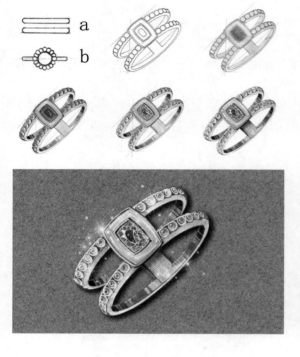

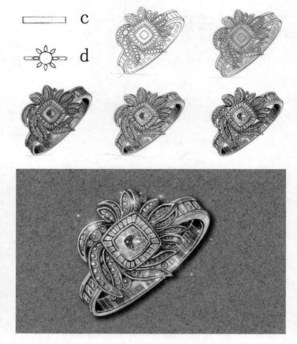

将主体部分"一"字系列中的第八个形态与装饰部分双主石系列中的第一个形态相结合，得到如下所示的结合效果。

将主体部分多排系列中的第五个形态与装饰部分双主石系列中的第三个形态相结合，得到如下所示的结合效果。

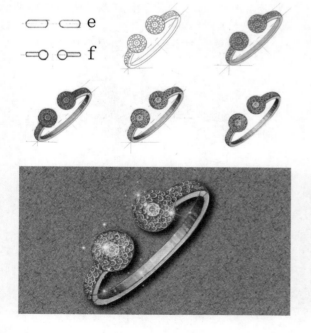

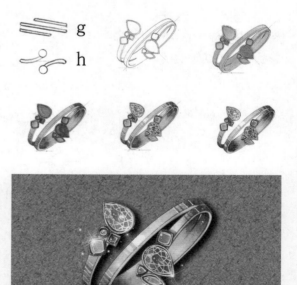

将主体部分多排系列中的第五个形态与装饰部分多主石系列中的第三个形态相结合，得到如下所示的结合效果。

将主体部分多排系列中的第四个形态与装饰部分多主石系列中的第八个形态相结合，得到如下所示的结合效果。

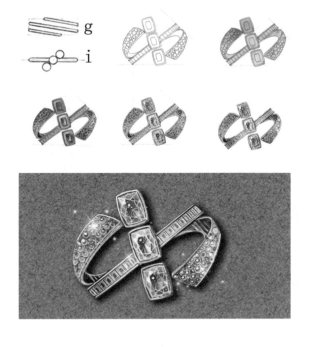

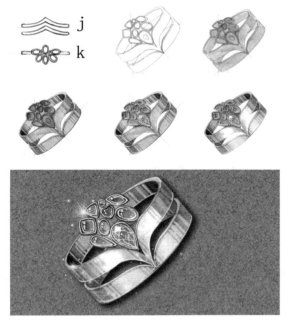

将主体部分交错系列中的第二个形态与装饰部分单主石系列中的第二个形态相结合，得到如下所示的结合效果。

将主体部分多排系列中的第六个形态与装饰部分双主石系列中的第六个形态相结合，得到如下所示的结合效果。

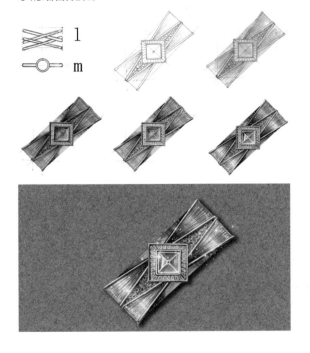

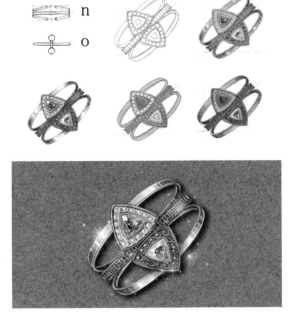

以上提到的主体或装饰部分的形态变化，不是单一、死板的，而是灵活的结构变化。拓展结构的变化，可以细化出更多款式。读者不仅要掌握方法，而且要学会灵活地运用。

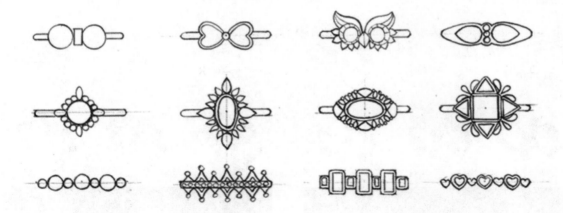

## 5.1.7　课后思考与练习

根据给出的三视图绘制效果图。

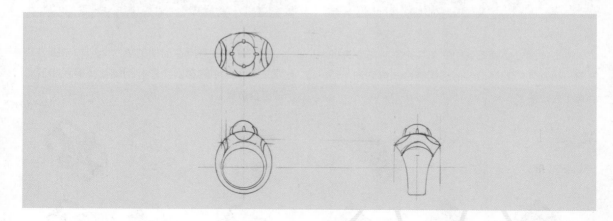

## 5.2　手链

### 5.2.1　手链的结构

手链是一种佩戴于手腕部位的首饰。区别于手镯和手环，手链为软式、链式结构，但它们的整体形态基本相同。

手链可粗略地分为链扣和主体两部分，也可以整条全为链型。手链的主体部分是由多个部件连接而成的，各个部件的连接有一定的规律可循。手链结构图如下页所示。

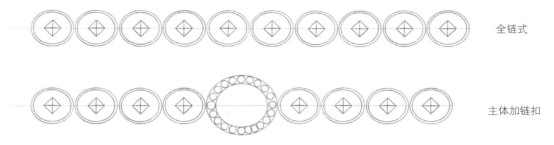

全链式

主体加链扣

手链结构图

在设计手链时，要注意连接部分。手链的连接部分尽量不要卡在手腕的转折处。在设计手链的侧面和底面时，要考虑宝石的材质等细节。

## 5.2.2 手链的三视图

由于手链是链式结构，有大量的重复部分，因此需要先对手链草图进行分析。通常手链均具有一定厚度，因此绘制时多用侧视图配合正视图进行表现。必要时，需要搭配细节图，如表现衔接方式的细节图等。这里选取简单的款式进行正视图的绘制示范，主石为弧面形切工水晶。希望读者能够理解各个步骤，从而掌握手链正视图绘制的方法。

草图　　　　　图1　　图2　　　　　主石　　　　镶嵌方式

**1** 绘制草图，并对其进行分析。如果该草图用作试色线稿，则需要绘制图一，如果该草图用作正视图，则需要绘制图二，因为不同方向的宝石的受光部分不同。

**2** 先画主石，再画镶嵌方式。

擦除辅助线　　　　绘制明暗变化

调整

**3** 擦除辅助线，绘制简单的明暗变化。

**4** 将图稿扫描进计算机并调整细节。提取需要的主体部分，整体调整对比度、色调、亮度等。

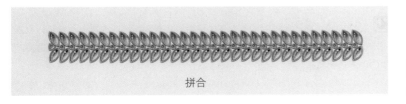

拼合

**5** 将调整后的主体部分根据草图所示结构进行拼合。

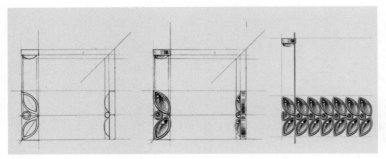

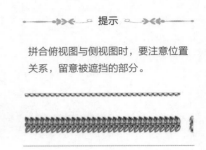

**提示**

拼合俯视图与侧视图时，要注意位置关系，留意被遮挡的部分。

**6** 根据正视图，用相同的方法绘制俯视图、侧视图。

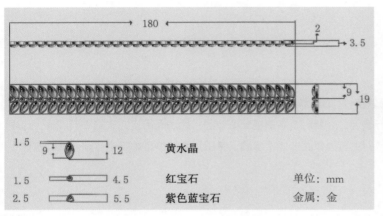

| | | |
|---|---|---|
| 1.5 9 12 | 黄水晶 | |
| 1.5 4.5 | 红宝石 | 单位：mm |
| 2.5 5.5 | 紫色蓝宝石 | 金属：金 |

**7** 标注尺寸和材质。

**8** 添加细节图，根据链扣的连接方式添加连接部分的细节图。

## 5.2.3 手链的效果图

### 1. 效果图绘制详解

　　手链一般由几个相同或整体对称的部分组成，如果采用正视图作效果图，则可先绘制一部分，然后用计算机复制该部分。因为正视图的绘制在手链的三视图中有具体讲解，所以这里用其他角度的视图来讲解手链效果图的绘制步骤。

**1** 选择合适的角度，绘制草图，完善线稿。

**2** 扫描线稿，在计算机上试色。在线稿图层上新建图层，选择正片叠底，根据所选材质，在对应的地方涂上合适的颜色。可以进行多次试色，配色时应遵循基本的色彩搭配原则。

**3** 根据所选材质、颜色,铺设底色。　　**4** 根据光源,画出各部分深色区域,重叠部分要画出阴影。　　**5** 根据光源,画出各部分浅色区域,包括高光。

**6** 将图稿扫描进计算机,提取需要的主体部分,调整整体的对比度、色调、亮度等。调整细节、添加效果。在添加效果时需注意整体光源是否合理。

## 2. 效果图实例

手链的效果图一般用正视图来表现,采用三视图的拼合方式与效果图的上色方式,可达到事半功倍的效果。手链效果图实例如下所示。

**以植物为主题的手链效果图实例**

**以动物为主题的手链效果图实例**

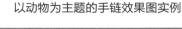

**以人物为主题的手链效果图实例**

**以几何图形为主题的手链效果图实例**

# 5.2.4　手链的形态

根据手链的形态可大致将手链分为 4 种类型:"一"字链、中心链、星空链和天地链。"一"字链以相同或相似的图形为基础,依次重复排列。中心链一般呈长菱形,中间宽、两边窄,中间主体部分为视觉中心,中间主体部分的形态可以参考胸针、吊坠形态的变化。星空链是较为随意的无机排列。天地链是相同图形的上下颠倒排列。

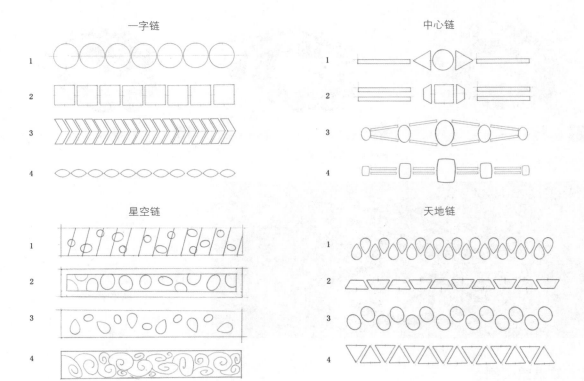

每一种形态都可以直接应用，也可以相互结合或同类型叠用。

将"一"字链中的第三个形态与中心链中的第三个形态结合，得到如下所示的效果。

将中心链中的第二个形态与星空链中的第四个形态结合，得到如下所示的效果。

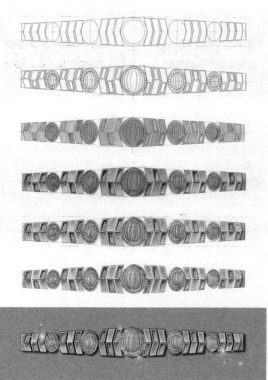

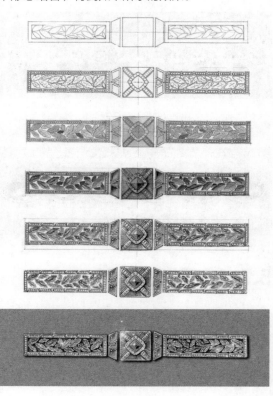

将中心链中的第三个形态与天地链中的第三个形态结合，得到如下所示的效果。

将"一"字链中的第二个形态与天地链中的第一个形态结合，得到如下所示的效果。

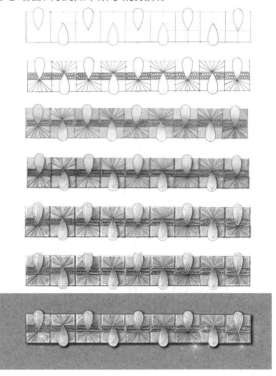

将"一"字链中的第三个形态与星空链中的第三个形态结合，得到如下所示的效果。

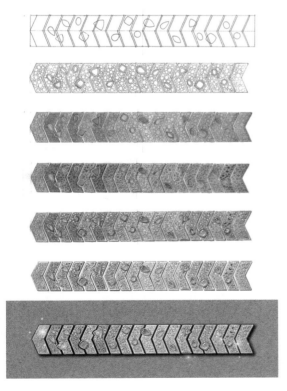

将"一"字链中的第二个形态与星空链中的第四个形态结合，得到如下所示的效果。

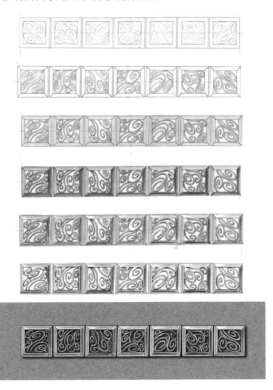

将中心链中的第四个形态与天地链中的第四个形态结合，得到如下所示的效果。

将中心链中的第一个形态与天地链中的第二个形态结合，得到如下所示的效果。

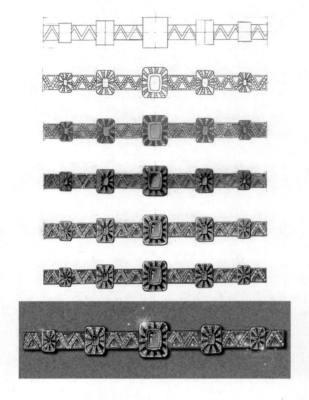

以上提到的形态变化，并不是单一、死板的，而是灵活的结构变化。拓展结构的变化可以细化出更多的款式。读者不但要掌握方法，而且要学会灵活地运用。

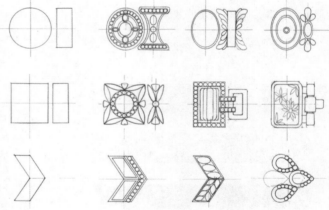

## 5.2.5 课后思考与练习

根据给出的内容用计算机拼合出两款手链。

126

# 5.3 手镯

## 5.3.1 手镯的结构

手镯是佩戴于手腕部位的首饰。手镯的整体质感较硬，通常为单只佩戴，也可成对佩戴。

手镯可粗略地分为闭口和开口两大类，与戒指的结构基本相似。它们的区别主要在于戒指的指圈通常为圆形，而手镯的主体镯形不仅有圆形，还有椭圆形、枕形等。闭口手镯既有一体圆环的形式，也有开锁的封口形式。开口式主要有固定式和"伪开口"两种，伪开口是指开口处虽然没有手镯主体材质，但由链条等进行连接。用于制作手镯的材料有很多，如金、银、宝石等贵重材料，以及皮革、塑料等平价材料，手镯通常由宝石等材料与贵金属结合制成。

| 闭口 | 开关闭口 | 固定开口 | 弹簧开口 | 半镯半链 |

手镯结构图

闭口圆环手镯通常以材料为主导，如需镌刻，达到做工精美的效果即可。在设计其他类型的手镯时，要注意相应的细节，如开口的大小等。手镯与手链类似，在设计其侧面和底面时，要考虑宝石材质等细节。

## 5.3.2 手镯的三视图

设计手镯时通常需要绘制三视图，必要时还需要搭配展开图和细节图。这里选取简单的款式进行手镯三视图的绘制示范，希望读者能够理解各个步骤，并掌握绘制方法。

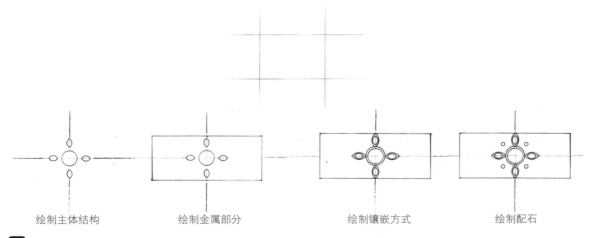

绘制主体结构　　　　绘制金属部分　　　　绘制镶嵌方式　　　　绘制配石

**1** 确定三视图的位置并绘制主视图。画出绘制三视图所需的辅助线，确定主视图的位置并进行绘制。先画主石，如果主视觉区中有较多的主石可以将其作为整体进行绘制；然后画出金属部分，表现镶嵌方式（可视要求及具体情况取舍）；最后画出整体花形及配石，交代细节。

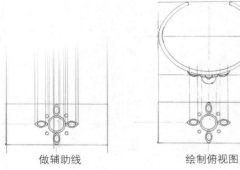

做辅助线　　　　　绘制俯视图

**2** 根据主视图绘制俯视图。

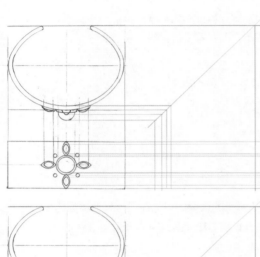

做辅助线

**3** 根据主视图和俯视图绘制侧视图。

## 5.3.3　手镯的效果图

### 1. 效果图绘制详解

手镯一般为整体的、对称的产品，其主要展示部分为主视图中的中心部分。采用具有透视效果的正视图作效果图，能够很好地展示手镯的整体效果。由于手镯具有一定的弧度，手腕两侧的部件可能会被遮挡，因此需要配上相应的展开图。

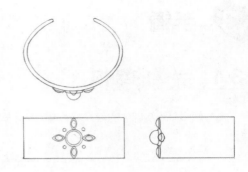

**4** 擦除辅助线。

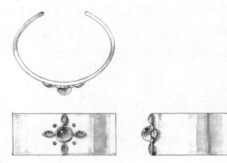

**5** 细化花纹或材质效果，适当呈现一定的立体效果。

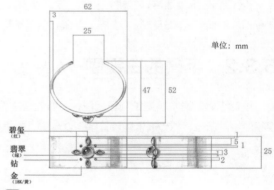

单位：mm

**6** 标注尺寸和材质。

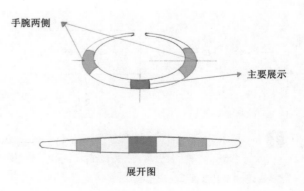

手腕两侧　　　　　　　主要展示

展开图

正视图的绘制在手镯的三视图中有具体讲解，这里用其他角度的视图讲解手镯效果图的绘制步骤。

**1** 选取合适的角度，绘制草图，完善线稿。

**2** 扫描线稿，在计算机上试色。在线稿图层上新建图层，选择正片叠底，根据所选材质，在对应的地方涂上合适的颜色。可以进行多次试色，配色时应遵循基本的色彩搭配原则。

**3** 根据所选材质、颜色，铺设底色。

**4** 根据光源，画出各部分深色区域，重叠的部分要画出阴影。

**5** 根据光源，画出各部分浅色区域，包括高光。

**6** 将图稿扫描进计算机，提取需要的主体部分，调整整体的对比度、色调、亮度等。调整细节、添加效果。在添加效果时需注意整体光源是否合理。

## 2. 效果图实例

手镯效果图实例如下所示。

**以蝴蝶结为主题的手镯效果图实例**

**以食物为主题的手镯效果图实例**

**以植物为主题的手镯效果图实例**

**以海浪为主题的手镯效果图实例**

## 5.3.4 手镯的尺寸

手镯的镯围与戒指的指圈相似，等于贴近皮肤的手镯内侧的周长。如果已有大小合适的手镯，直接测量其内径即可得到自己的镯围。如果没有合适的手镯，可选取以下方法找到适合自己的手镯内径。

**方法一：测宽度。**

将手掌放平，用有刻度的直尺测量除拇指外其余四指根部最宽处的宽度。

将所得数据对照相应的尺寸表，得出对应的手镯内径。

**方法二：测周长。**

将大拇指指尖放到小拇指根部。

用细绳绕手掌最宽处一圈，在两侧的交叉处用记号笔标记。

测量标记之间的长度，即得到手掌最宽处的周长。

将所得数据对照相应的尺寸表，即可得出对应的手镯内径。

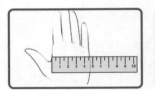 

| 手掌宽度 | 手掌周长 | 对应的手镯内径 |
| --- | --- | --- |
| 62~66mm | 120~150mm | 50~52mm |
| 66~70mm | 150~170mm | 52~54mm |
| 70~74mm | 170~190mm | 54~56mm |
| 74~78mm | 190~210mm | 56~58mm |
| 78~82mm | 210~230mm | 58~60mm |
| 82mm 以上 | 230mm 以上 | 60mm 以上 |

## 5.3.5 手镯的形态

手镯的形态主要分为主体和配饰两部分的形态。手镯可以简单理解为固定在主体上的手链，可直接参照手链。

主体部分的形态

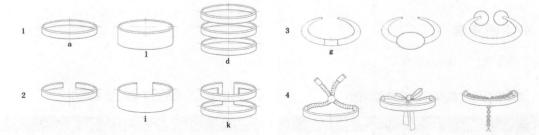

手镯配饰部分的形态与手链相似，分为 4 类，即一字形、天地形、中心形和星空形。

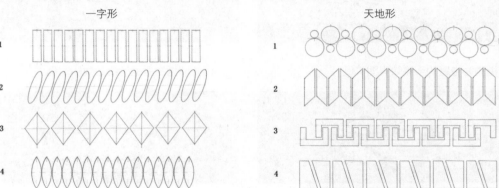

中心形

星空形

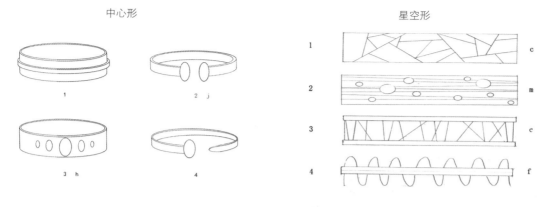

每一种类型的形态都可以相互结合或同类型叠用。

将主体部分第一排中的第一个形态与配饰部分天地形中的第一个形态结合，得到如下所示的结合效果。

将主体部分第一排中的第一个形态与配饰部分星空形中的第一个形态结合，得到如下所示的结合效果。

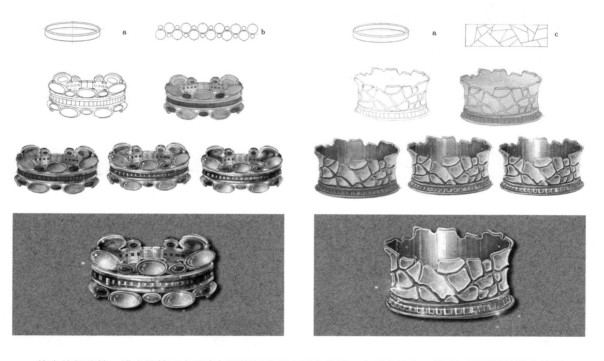

将主体部分第一排中的第三个形态与配饰部分星空形中的第二个形态结合，得到如下所示的结合效果。

将主体部分第一排中的第二个形态与配饰部分星空形中的第二个形态结合,得到如下所示的结合效果。

将主体部分第三排中的第一个形态与配饰部分中心形中的第三个形态结合,得到如下所示的结合效果。

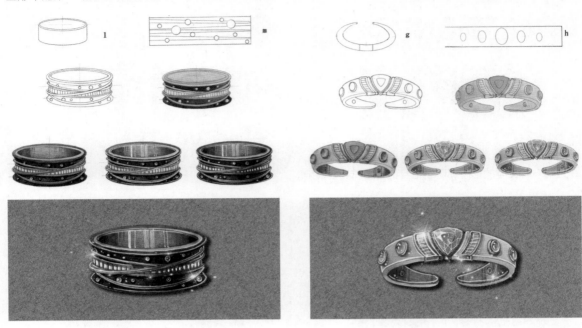

将主体部分第二排中的第二个形态与配饰部分星空形中的第一个形态以及配饰部分中心形中的第二个形态相结合,得到如下所示的结合效果。

将主体部分第一排中的第一个形态与配饰部分星空形中的第四个形态结合,得到如下所示的结合效果。

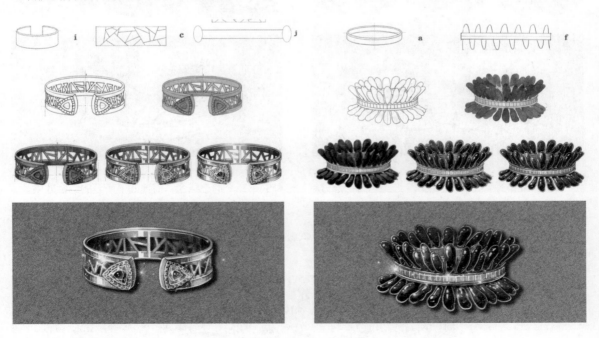

将主体部分第二排中的第三个形态与配饰部分星空形中的第三个形态结合，得到如下所示的结合效果。

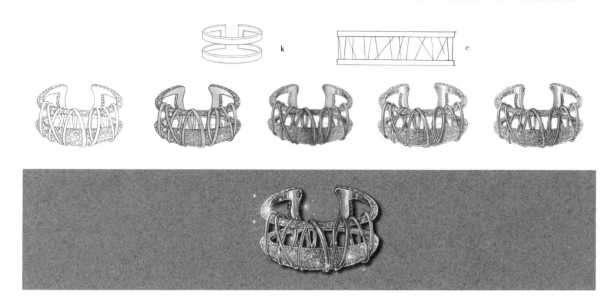

以上提到的主体和配饰部分的变化，并不是单一、死板的，而是灵活的结构变化。拓展结构的变化可以细化出更多的款式。读者不仅要掌握方法，而且要学会灵活地运用。

## 5.3.6　课后思考与练习

根据给出的形态图设计出两款手镯。

# 5.4 手表

## 5.4.1 手表的结构

表是一种小型计时器，它可以与多种饰品相结合，常见与手链、胸针结合，如手表、怀表。

生活中常见的手表、怀表多以表为重点，首饰中的手表、怀表则更注重整体效果、材质以及装饰性。手表的结构可粗略地分为表头、表链和扣三大部分。表头比较复杂，包括表盘、指针、机芯、镜面等多个部分，本书单就外形进行浅显地讲解。表链的材质选择范围较为广泛，贵金属、珠宝、皮革等都可以用于制作表链，女表的表链部分可以结合手镯、手链的款式进行设计。

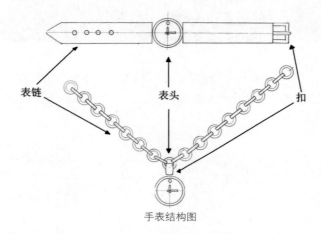

手表结构图

设计手表时，需要注意表盘的方向、指针的转动范围等。一些女款的怀表，其表盘是向下的，这种设计是为了方便佩戴者看时间。

## 5.4.2 手表的三视图

绘制手表时可先绘制表头，再绘制表链，必要时需要搭配扣、指针等的细节图。接下来选取简单的手表款式进行手表三视图的绘制示范，希望读者能够理解各个步骤，并掌握绘制方法。

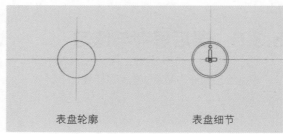

表盘轮廓　　　　　表盘细节

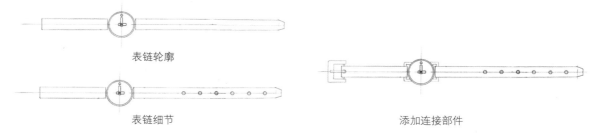

表链轮廓

表链细节

添加连接部件

**1** 确定三视图的位置并绘制主视图。画出绘制三视图所需的辅助线，确定主视图的位置并进行绘制。先画表头，再画表链，最后添加连接部件。整体上的绘制顺序为先轮廓、后细节。

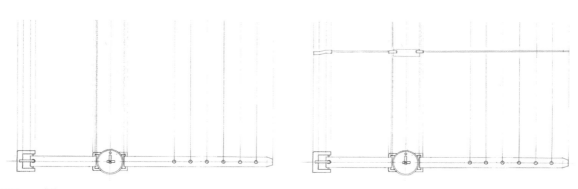

**2** 根据主视图绘制俯视图。

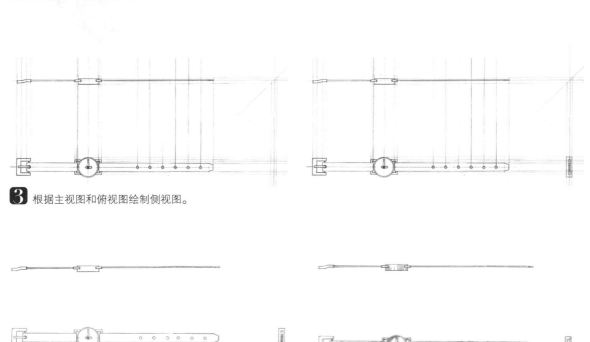

**3** 根据主视图和俯视图绘制侧视图。

**4** 擦除辅助线。

**5** 细化花纹和材质，适当做出一定的立体效果。

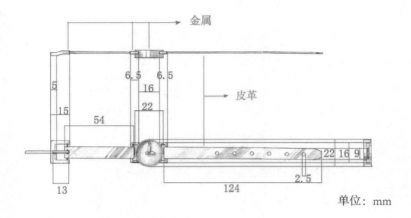

**6** 标注尺寸和材质。

单位：mm

# 5.4.3　手表的效果图

## 1. 效果图绘制详解

　　下面以较常见的手表为例做手表效果图的绘制讲解。由于正视图的绘制在三视图部分已经有具体的讲解，因此这里用其他角度的视图讲解手表效果图的绘制步骤。

**1** 选取合适的角度，并绘制草图，完善线稿。

**2** 扫描线稿，在计算机上试色。在线稿图层上新建图层，选择正片叠底，根据所选材质，在对应的地方涂上合适的颜色。可以进行多次试色，配色时应遵循基本的色彩搭配原则。

**3** 根据所选材质、颜色，铺设底色。

**4** 根据光源，画出各部分深色区域，重叠的部分要画出阴影。

**5** 根据光源，画出各部分浅色区域，包括高光。

**6** 将图稿扫描进计算机，提取需要的主体部分，调整整体的对比度、色调、亮度等。调整细节、添加效果。添加效果时需注意整体光源是否合理。

## 2. 效果图实例

以动物为主题的手表效果图实例 1

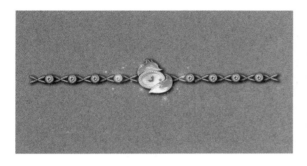

以植物为主题的手表效果图实例

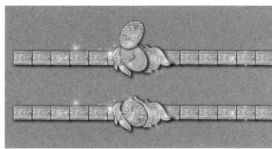

以珠串为链的手表效果图实例

以动物为主题的对表效果图实例 2

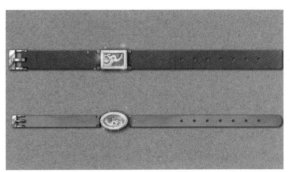

# 5.4.4 手表的形态

表头部分可以参照后面胸针、吊坠等的形态。表链部分的形态可参照手链、手镯等的形态。

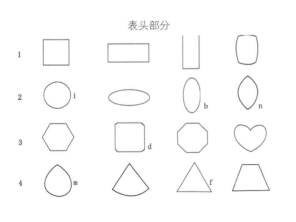

表头部分

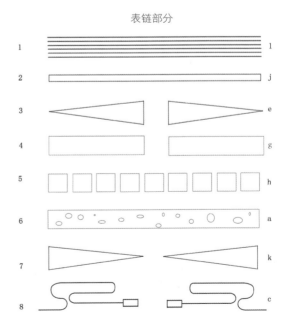

表链部分

将表头部分第二排中的第三个形态与表链部分的第六个形态结合，得到如下所示的结合效果。

将表头部分第三排中的第二个形态与表链部分的第八个形态结合，得到如下所示的结合效果。

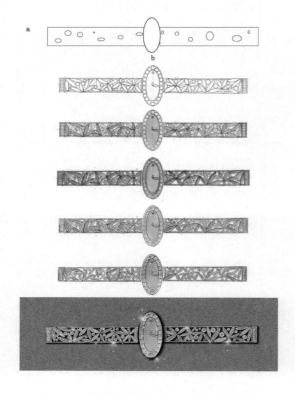

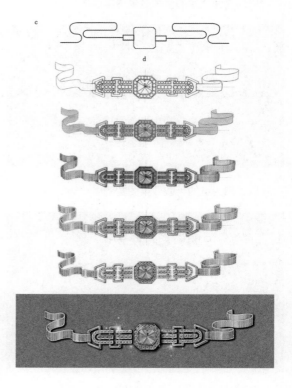

将表头部分第四排中的第三个形态与表链部分的第三个形态结合，得到如下所示的结合效果。

将表头部分第二排中的第一个形态与表链部分的第五个形态结合，得到如下所示的结合效果。

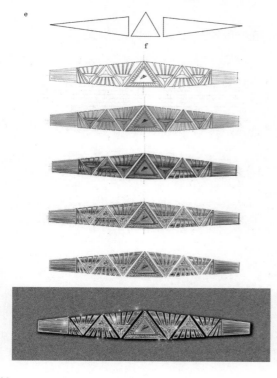

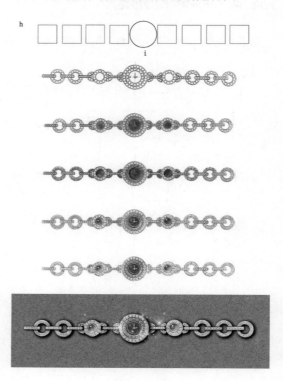

将表头部分第二排中的第一个形态与表链部分的第四个形态结合，得到如下所示的结合效果。

将表头部分第二排中的第一个形态与表链部分的第七个形态结合，得到如下所示的结合效果。

将表头部分第四排中的第一个形态与表链部分的第一个形态结合，得到如下所示的结合效果。

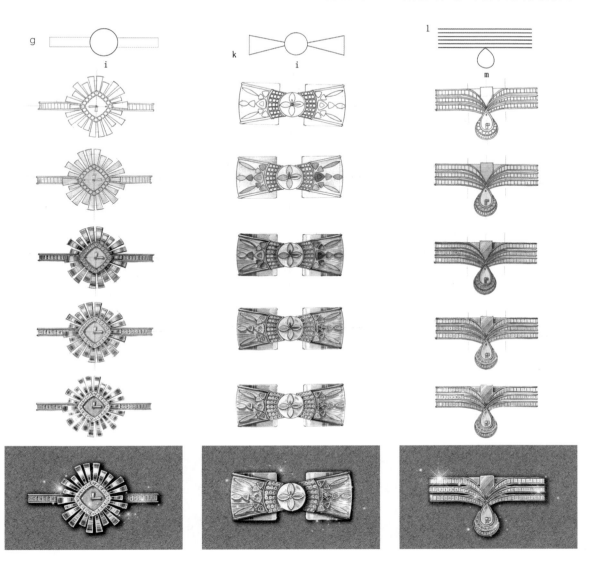

将表头部分第二排中的第四个形态与表链部分的第三个形态结合，得到如下所示的结合效果。

手表形态的变化如下图所示。

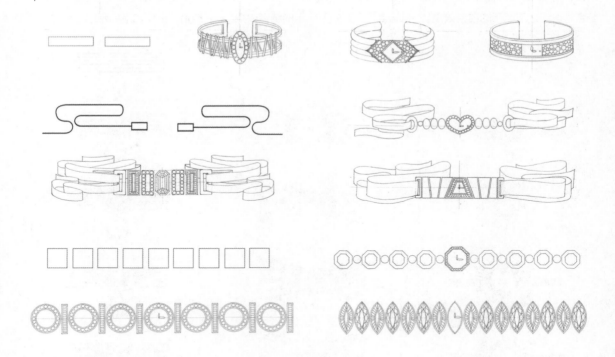

## 5.4.5　课后思考与练习

根据给出的形态设计一款手表。

第 **6** 章

# 头部和颈部首饰
# 设计手绘实例表现

———

本章主要讲解吊坠、项链、耳饰和头饰。读者在学习时需要注意与第
5 章的内容相结合，将已掌握的知识融会贯通。如手链和项链的形式有
很多相通之处，二者在连接方式、排列规律与舒适度的要求等方面
都十分相似。其他各类饰品之间也有一定的联系，如项链和
吊坠可以是一个整体，也可以拆分开来，读者可以
先进行思考，第 7 章有较为详细的
说明。

# 6.1 吊坠

## 6.1.1 吊坠的结构

在人们佩戴的首饰中，吊坠处于非常抢眼的位置。

吊坠主要由装饰主体和连接项链与吊坠的"扣"组成。装饰主体通常只展示正面，这个面能非常明显地展示设计内容，表达设计主题。扣分为明扣和暗扣两种，扣既可以设计成主体的一部分，又可以简化成金属圈，甚至可以隐藏在主体后面，借助镶嵌的底座结构形成穿链孔。通常，扣的长度不超过 10mm。虽然吊坠由两部分组成，但它需要搭配链子进行佩戴，链子一般是可拆卸的。链子的材质不局限于金属制品，皮制品、水晶珠串等均可用于制作链子。

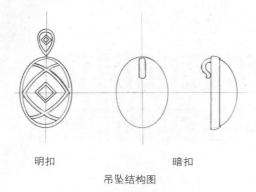

明扣　　　　暗扣

吊坠结构图

在设计吊坠时，主要需要注意装饰主体和扣的连接，以稳固为首要目的。如果采用明扣，要注意整体性、美观性。如果采用暗扣，则要确保实用性、适用性。

在如今的商业款式中，吊坠多为多用款，通常和戒指、胸针结合。一般情况下，尺寸较小的吊坠会被做成戒吊款，尺寸较大的吊坠则会被做成胸吊款。

## 6.1.2 吊坠的三视图

对于吊坠，一般只需绘制正视图和侧视图即可，必要时可搭配细节图。这里选取简单的吊坠款式进行吊坠三视图的绘制示范，希望读者能够理解各个步骤，并掌握绘制方法。

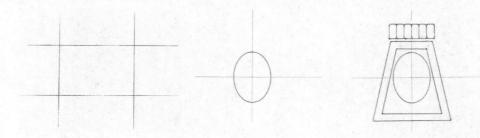

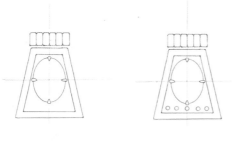

1 确定三视图的位置并绘制俯视图。画出绘制三视图所需的辅助线，确定俯视图的位置并进行绘制。先画主石，如果主视觉区内有较多主石，可以将它们作为整体进行绘制；然后画出金属部分，表现镶嵌方式（可根据设计要求及具体情况进行取舍）；最后画出整体花形及配石，交代细节。

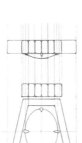

2 根据俯视图绘制主视图。

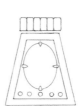

4 擦除辅助线。

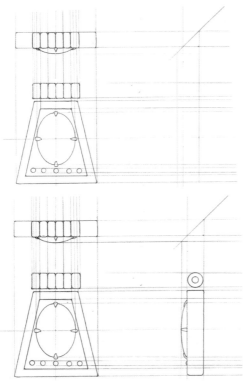

3 根据俯视图和主视图绘制侧视图。

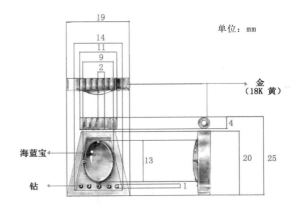

5 细化花纹或材质效果，适当做出一定的立体效果。

19
14
11
9
2

单位：mm

金
（18K 黄）

4

海蓝宝

13

20    25

钻

1

6 标注尺寸和材质。

## 6.1.3 吊坠的效果图

### 1. 效果图绘制详解

　　吊坠效果图的绘制与戒指的相似，只需选取最合适的角度进行绘制即可。通常会选用主视图，可以表现吊坠的设计主题和主体部分。主视图的画法在三视图中有介绍，这里选取其他角度介绍吊坠效果图的绘制步骤。

**1** 选取合适的角度绘制草图，并完善线稿。

**2** 扫描线稿，在计算机上试色。在线稿图层上新建图层，选择正片叠底，根据所需材质，在对应的地方涂上合适的颜色。可以进行多次试色，配色时应遵循基本的色彩搭配原则。

**3** 根据确定的材质、颜色，铺设底色。

**4** 根据光源，画出各部分深色区域。重叠的部分要画出阴影。

**5** 根据光源，画出各部分浅色区域，包括高光。

**6** 将图稿扫描进计算机。提取需要的主体部分，调整整体的对比度、色调、亮度等。调整细节、添加效果。在添加效果时需注意整体光源是否合理。

### 2. 效果图实例

以植物为主题的吊坠效果图实例

以猫咪为主题的吊坠效果图实例

144

以昆虫为主题的吊坠效果图实例　　以几何图形为主题的吊坠效果图实例　　以人物为主题的吊坠效果图实例

## 6.1.4　吊坠的形态

　　吊坠主体的形态结构多为纵向，要强调"坠"的感觉。吊坠的形态主要分为"1"字形和"0"字形。其中，"1"字形有上下等宽、上宽下窄、上窄下宽和曲线形四大类，"0"字形有圆形、椭圆形和多圆三大类。扣的形态，需要和装饰主体的形态有一定的关联。

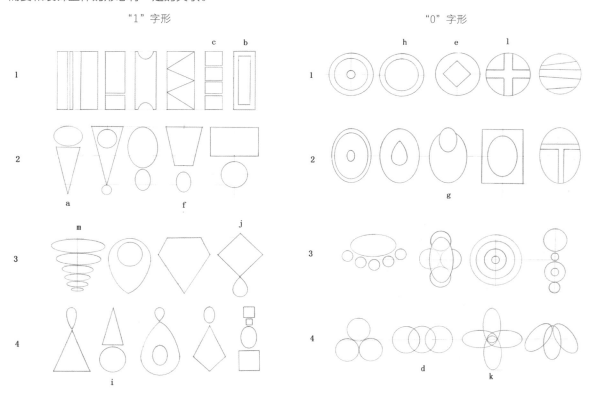

既可以将"1"字形与"1"字形结合，也可将"1"字形与"0"字形结合。结合后的形态为基础形态，可以对它进行适当的变形。

将"1"字形第一排中的第七个形态与"1"字形第二排中的第一个形态相结合，即形态图中的"a""b"相结合，效果示例如下。

将"1"字形第二排中的第一个形态与"0"字形第四排中的第二个形态相结合，效果示例如下。

将"1"字形第一排中的第六个形态与"0"字形第一排中的第三个形态相结合，效果示例如下。

将"1"字形第二排中的第四个形态与"0"字形第二排中的第三个形态相结合,效果示例如下。

将"1"字形第四排中的第二个形态与"0"字形第一排中的第二个形态相结合,效果示例如下。

将"1"字形第三排中的第四个形态与"0"字形第四排中的第三个形态相结合,效果示例如下。

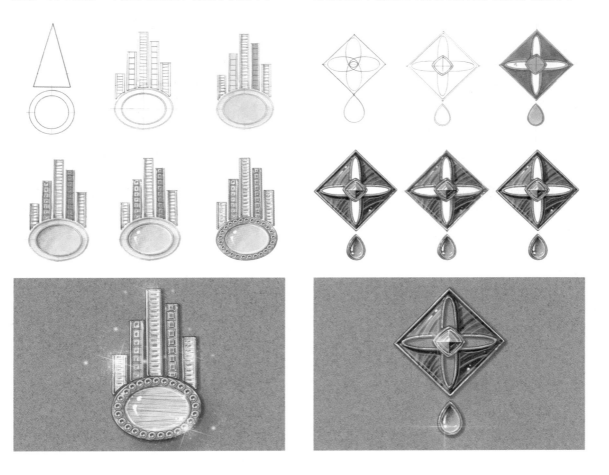

将"0"字形第一排中的第四个形态与"1"字形第二排中的第一个形态相结合，效果示例如下。

将"1"字形第一排中的第七个形态与"1"字形第三排中的第一个形态相结合，效果示例如下。

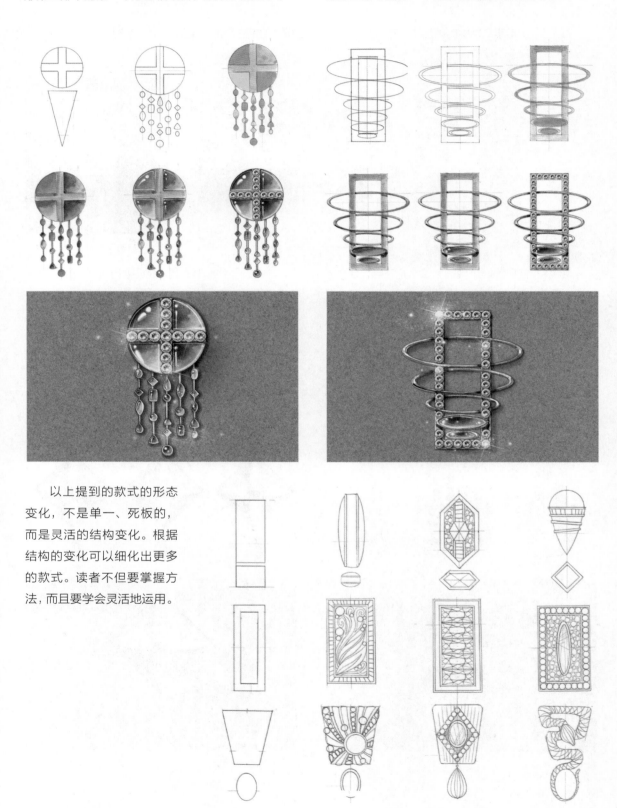

以上提到的款式的形态变化，不是单一、死板的，而是灵活的结构变化。根据结构的变化可以细化出更多的款式。读者不但要掌握方法，而且要学会灵活地运用。

## 6.1.5　课后思考与练习

根据给出的胸针，设计与之相配的扣，使其变为一个吊坠。

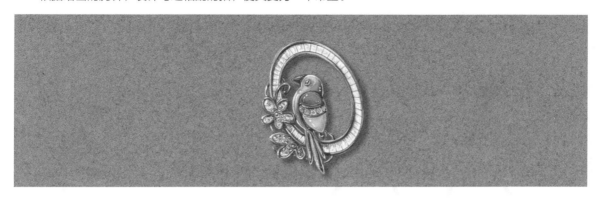

 项链

## 6.2.1　项链的结构

在首饰中，项链同样位于非常抢眼的位置，对颈部的装饰起着很大的作用。

项链总体可分为较为简单的净链，与吊坠相配的结合链，以及整体造型设计得较为夸张的一体链等。净链通常为一条简单的、结构重复的金属链，由链身、扣两部分组成，花纹是基本的款式，如蛇链等。这类项链可以直接与吊坠组合，一条项链可以搭配多种吊坠。结合链主要由链身、吊坠、扣 3 部分组成，链身可以进行简单的设计，从而与总体相配。一体链的款式繁多，造型较为夸张，一般是将链子、吊坠、扣一起进行设计，有元素或者主题上的呼应，更具整体感。

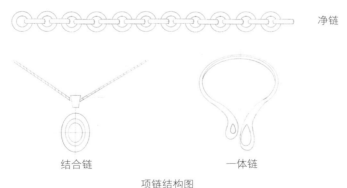

项链结构图

净链有比较多的固定款式，无须过多设计，挑选满足客户要求的款式即可。在设计项链时，主要注意整体感的表达，如主题和元素的呼应；同时也要注意细节，如长度和弧度等；除此之外，扣的隐蔽性、牢固性也需要考虑。在细节上，项链应尽量贴合身体，避免锁骨处的不必要翘起等。

# 6.2.2 项链的三视图

项链与手链相似,有大量的重复部分。画出项链主要部件的三视图,然后配合整体尺寸即可。必要时,需要搭配展开图和细节图。这里选取简单的款式进行项链三视图的绘制示范,希望读者能够理解各个步骤,并掌握绘制方法。

**1** 确定三视图的位置并绘制主视图。画出绘制三视图所需的辅助线,确定主视图的位置并进行绘制。先画主石,如果主视觉区域中有较多的主石,可以将其作为整体进行绘制;然后画出金属部分,表现镶嵌方式(可视客户要求及具体情况进行取舍);最后画出整体花形及配石,交代细节。

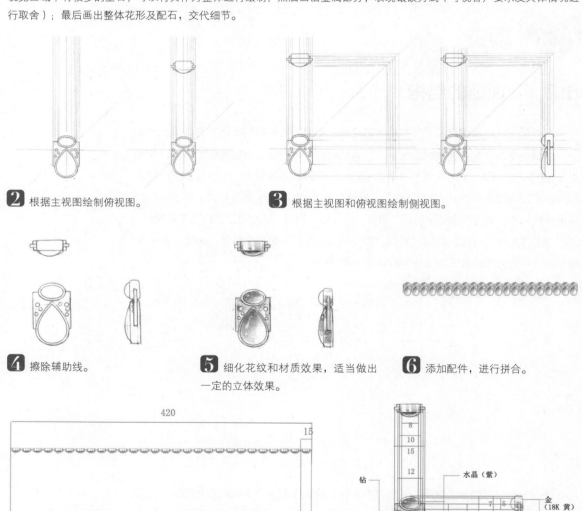

**2** 根据主视图绘制俯视图。

**3** 根据主视图和俯视图绘制侧视图。

**4** 擦除辅助线。

**5** 细化花纹和材质效果,适当做出一定的立体效果。

**6** 添加配件,进行拼合。

**7** 标注尺寸和材质。

# 6.2.3  项链的效果图

## 1. 效果图绘制详解

通常，项链要表现的主题在主体上，因此多从正视图的角度绘制效果图。因为正视图的绘制在三视图部分已经有讲解，所以这里用其他角度的视图讲解项链效果图的具体绘制步骤。

**1** 扫描线稿，在计算机上试色。在线稿图层上新建图层，选择正片叠底，根据所需材质，在对应的地方涂上合适的颜色。可以进行多次试色，配色时应遵循基本的色彩搭配原则。

**2** 根据所需材质、颜色，铺设底色。

**3** 根据光源，画出各部分深色区域，重叠的部分要画出阴影。

**4** 根据光源，画出各部分浅色区域，包括高光。

**5** 将图稿扫描进计算机，提取需要的主体部分，调整整体的对比度、色调、亮度等。调整细节、添加效果。添加效果时需注意光源是否合理。

## 2. 效果图实例

以植物为主题的项链效
果图实例

以海洋为主题的项链效果图实例

以红色为主色调的项链效果图实例

# 6.2.4 项链的尺寸

项链的长度跨度较大，有 30cm 左右的贴颈项
链；也有 50cm 左右的毛衣链；甚至还有更长的身体
链等。女款项链通常长为 40cm，比较靠近锁骨的位
置。较受欢迎的长度为 45cm，适合与吊坠一同佩戴。
男款项链一般有 3 个规格：45cm、50cm、60cm。
最常用的长度为 50cm。

1.CHOKER 项链（30~33cm）
2. 短项链（35~40cm）
3. 公主型项链（43~48cm）
4. 马天尼型项链（50~60cm）
5. 歌剧院型项链（71~86cm）
6. 结绳型项链（超过 114cm）

# 6.2.5 项链的形态

项链的形态可分为 4 个大类："O"形、"?"形、"Y"形、"V"形。具体的装饰部分可以参考吊坠、
手链、耳饰等的相应部分，可塑性较强。

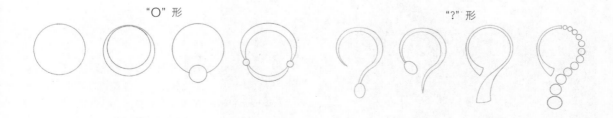

"O"形                                                    "?"形

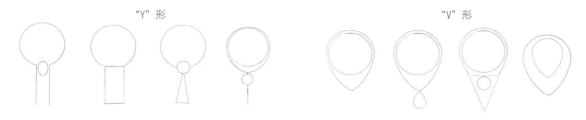

"Y"形　　　　　　　　　　　　　　　　　　"V"形

主体为"V"形中的第一个形态的实例效果。

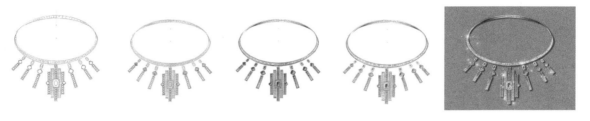

主体为"？"形中的第三个形态的实例效果。

主体为"V"形中的第四个形态的实例效果。

主体为"Y"形中的第二个形态的实例效果。

主体为"V"形中的第二个形态的实例效果。

主体为"Y"形中的第一个形态的实例效果。

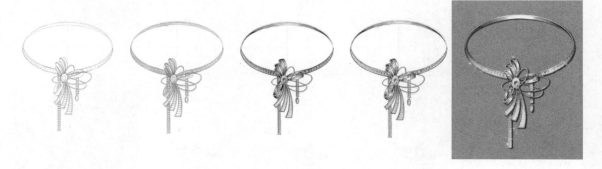

项链形态变化图。

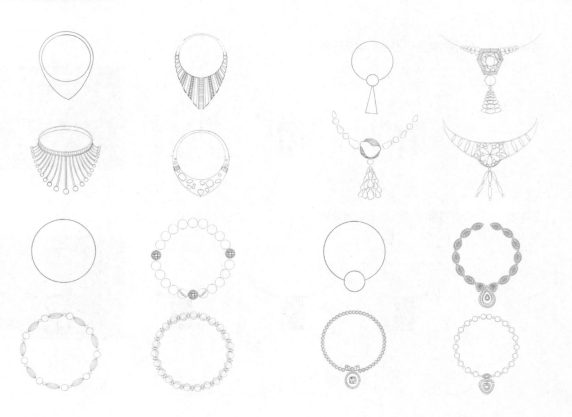

## 6.2.6　课后思考与练习

根据给出的形态图绘制完整的项链线稿。

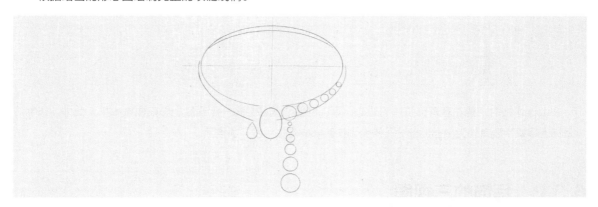

# 6.3　耳饰

## 6.3.1　耳饰的结构

耳饰对脸型的修饰有不可替代的作用，是提升气质的关键。

耳饰整体可粗略地分为"扣"和"主体"两大部分。根据与耳垂衔接的方式，耳饰可分为穿耳和不穿耳两种类型。穿耳的款式有针扣式、耳勾式、穿链式、耳拍式等；不穿耳的款式有螺丝式、弹簧式等。耳饰的主体即主要装饰部分，可由金属、宝石等组成。现代耳饰款式繁多，叠戴现象屡见不鲜，追求个性的不对称、前后戴等耳饰佩戴方式也较为流行。小众的耳饰中还有耳扩等款式。

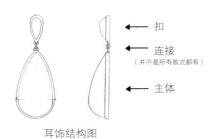

耳饰结构图

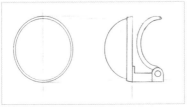　弹簧式

　耳拍式

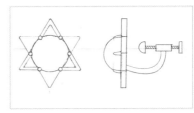　螺丝式

| 针扣式 | 穿链式 | 耳勾式 |

在设计耳饰时，要注意耳饰整体的重心。耳饰的重心偏移会在一定程度上影响佩戴效果。此外，还需注意耳饰上尽量不要有较为突出的部分，避免划伤脸部或勾住头发、衣物等。

# 6.3.2 耳饰的三视图

许多耳饰是有一定弧度的，因此耳饰多用主视图配合侧视图进行表现，必要时还需要搭配细节图。这里选取简单的款式进行耳饰三视图的绘制示范，主石裸石是约为 10mm×10mm×2.5mm 的珊瑚蛋面。希望读者能理解各个步骤，并掌握绘制方法。

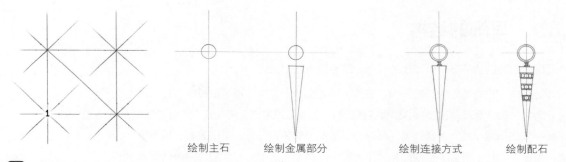

| 绘制主石 | 绘制金属部分 | 绘制连接方式 | 绘制配石 |

**1** 确定主视图的位置并进行绘制。先画主石，再画出金属部分，表现镶嵌、连接方式（可视客户要求及具体情况进行取舍），画出耳饰的整体花形及配石，交代细节。

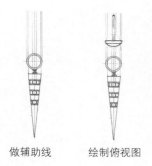

| 做辅助线 | 绘制俯视图 |

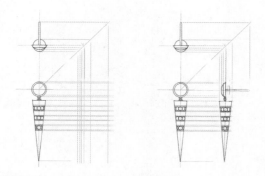

**2** 根据主视图，画出俯视图。做辅助线，在对应处画出俯视图。尽量先画出确定的部分，即主石部分，金属和配石等部分可以根据主石和整体效果进行调整。

**3** 根据主视图、俯视图绘制侧视图。绘制辅助线，在对应处画出侧视图。侧视图主要用于表现耳饰的厚度与佩戴方式。

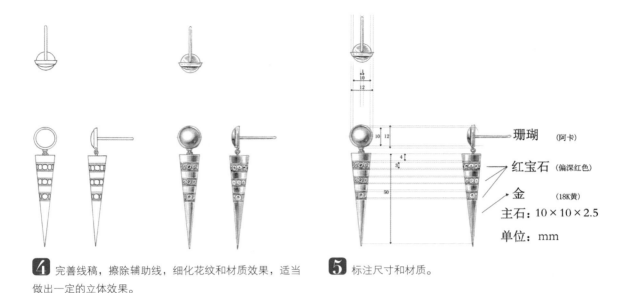

珊瑚　(阿卡)

红宝石　(偏深红色)

金　　(18K黄)

主石：10×10×2.5

单位：mm

**4** 完善线稿，擦除辅助线，细化花纹和材质效果，适当做出一定的立体效果。

**5** 标注尺寸和材质。

## 6.3.3　耳饰的效果图

### 1. 效果图绘制详解

　　耳饰一般由两个相同或对称的产品组成，如果采用正视图作效果图，则可先绘制一个效果图，然后用计算机复制。如果运用对称翻转进行复制，那么需要注意翻转后的光源。耳饰的效果图多为正视图，因为正视图的绘制在三视图部分已经有具体讲解，所以这里用其他角度的视图讲解耳饰效果图的绘制步骤。

**1** 选择合适的角度，并绘制草图，完善线稿。

**2** 扫描线稿，在计算机上试色。在线稿图层上新建图层，选择正片叠底，根据所需材质，在对应的地方涂上合适的颜色。可以进行多次试色，配色时应遵循基本的色彩搭配原则。

**3** 根据确定的材质、颜色，铺设底色。

**4** 按照光源，画出各部分深色区域，重叠的部分要画出阴影。

**5** 根据光源，画出各部分浅色区域，包括高光。

**6** 将图稿扫描进计算机。提取需要的主体部分，整体调整对比度、色调、亮度等。调整细节、添加效果。添加效果时需注意整体光源是否合理。

## 2. 效果图实例

对称耳饰效果图实例如下。

**以植物为主题的耳饰效果图实例**

**以动物为主题的耳饰效果图实例**

**以昆虫为主题的耳饰效果图实例**

**以几何图形为主题的耳饰效果图实例**

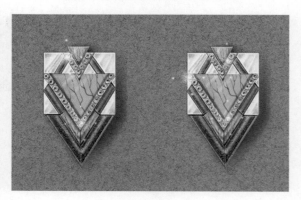

不对称耳饰多数为十分相似或部分相反的。

不对称耳饰效果图实例如下。

结构相同，主石相似、位置
不同的不对称耳饰实例

结构相似，主石相同、位置
不同的不对称耳饰实例

结构相同，主石同色不同型
的不对称耳饰实例

主石同形不同色，结构相似
的不对称耳饰实例

主石同色不同形，配石同形
不同色，结构相同的不对称耳饰
实例

主石同形不同色，结构相同
的不对称耳饰实例

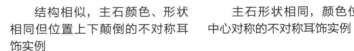

主石同形同色，结构相似的
不对称耳饰实例

结构相似，主石颜色、形状
相同但位置上下颠倒的不对称耳
饰实例

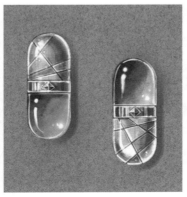

主石形状相同，颜色位置呈
中心对称的不对称耳饰实例

## 6.3.4　耳饰的形态

耳饰的基础款式大致可分为两种，即细长的"1"字形和敦实的"0"字形。

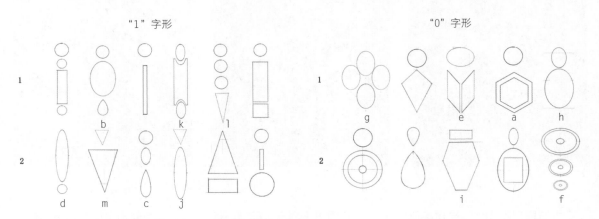

每一种类型的结构均可以相互结合或者进行同类型叠用。

将"0"字形第一排中的第四个形态与"1"字形第一排中的第二个形态相结合，效果示例如下。　　将"1"字形第二排中的第三个形态与"0"字形第一排中的第一个形态相结合，效果示例如下。

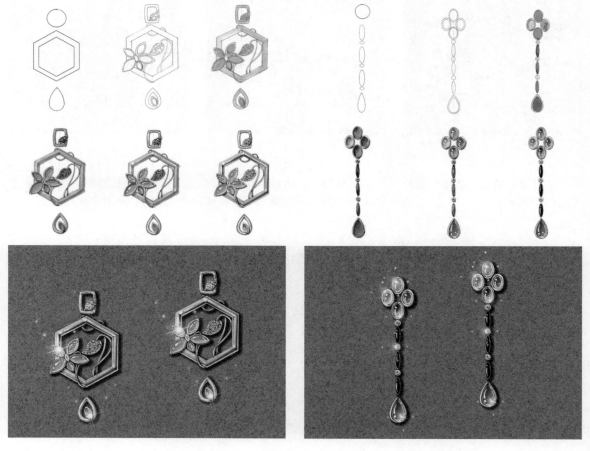

将"0"字形第一排中的第三个形态与"0"字形第二排中的第五个形态相结合,效果示例如下。

将"0"字形第一排中的第一个形态与"0"字形第一排中的第五个形态相结合,效果示例如下。

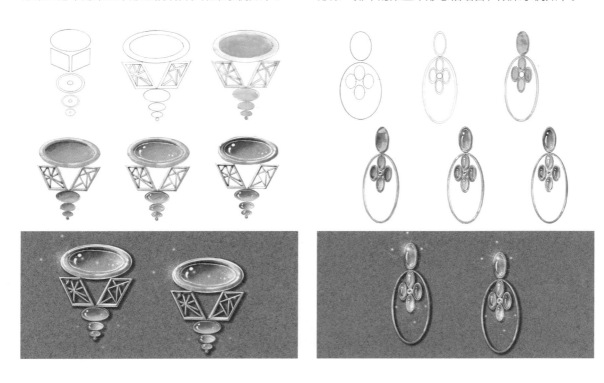

将"0"字形第二排中的第三个形态与"1"字形第二排中的第五个形态相结合,效果示例如下。

将"0"字形第一排中的第一个形态与"1"字形第一排中的第三个形态相结合,效果示例如下。

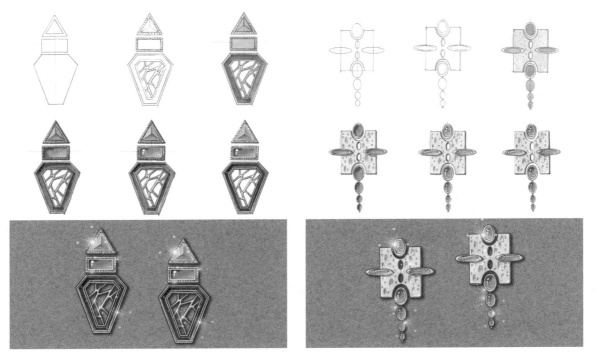

将"0"字形第二排中的第五个形态与"1"字形第一排中的第五个形态相结合，效果示例如下。

将"1"字形第一排中的第二个形态与"1"字形第二排中的第二个形态相结合，效果示例如下。

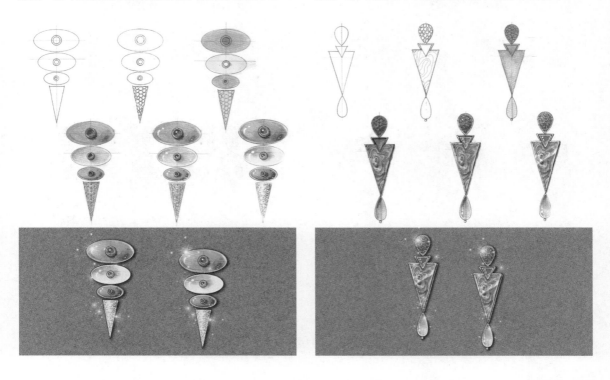

以上提到的形态变化，并不是单一、死板的，而是灵活的结构变化。根据结构的变化可以细化出更多款式。读者不但要掌握方法，而且要学会灵活地运用。

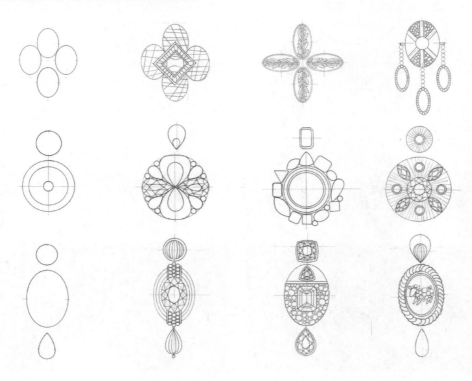

## 6.3.5　课后思考与练习

根据给出的形态设计一款耳饰，并绘制效果图，展示佩戴方式。

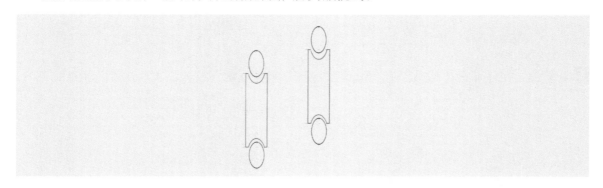

# 6.4　头饰

## 6.4.1　头饰的结构

头饰的范围比较广，这里特指装饰在头发上的首饰。包含发簪、王冠、发箍、发卡等。头饰可粗略地分为箍、冠等体积较大的首饰，以及簪、卡等体积较小的首饰。

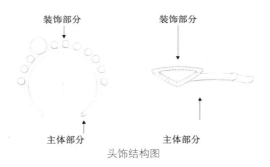

头饰结构图

在设计较大的头饰时，要注意其弯曲的弧度，使其尽量符合人体头部的形态。在设计较小的头饰时，则要注意牢固性等细节。

## 6.4.2　头饰的三视图

### 1. 三视图绘制详解

头饰的三视图是否要绘制完整视具体的物品而定，有的需要完整的三视图，有的需要正视图、侧视图，还有的需要搭配细节图。这里选取简单的头饰款式进行头饰正视图和侧视图的绘制示范，主要装饰物为亚克力球，其半径尺寸约为 10mm。希望读者能理解各个步骤，并掌握绘制方法。

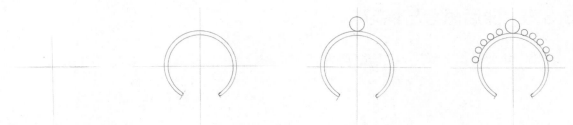

**1** 确定正视图的位置并绘制。先绘制"十"字辅助线，确定主体部分的位置，画出主石，再画出配石，交代细节。

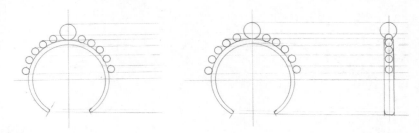

**2** 根据正视图，画出侧视图。侧视图主要用于表现发饰的厚度和配石的位置等。先画出辅助线，再根据辅助线的位置画出侧视图。

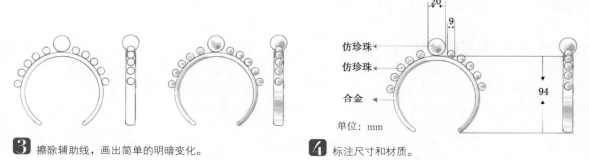

**3** 擦除辅助线，画出简单的明暗变化。

**4** 标注尺寸和材质。

## 2. 三视图实例解析

需画出发饰的背面图。

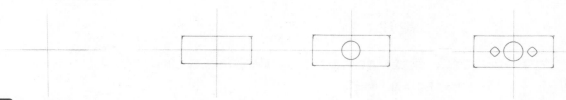

**1** 确定正视图的位置并进行绘制。先绘制"十"字辅助线，确定主体部分的位置，画出主石，再画出配石，交代细节。

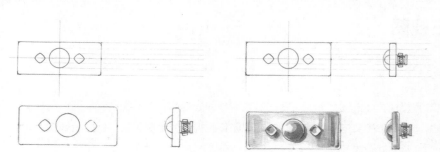

**2** 根据正视图，画出侧视图。侧视图主要用于表现发饰的厚度和配石的位置等。先画出辅助线，再根据辅助线的位置画出侧视图。

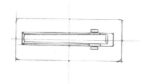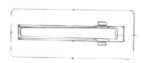

**3** 画出背面图,确定衔接部分的位置。绘制背面图与绘制侧视图的步骤相同。绘制完线稿,擦除辅助线,并画出简单的明暗变化。

# 6.4.3 头饰的效果图

## 1. 效果图绘制详解

对于头饰,一般选取有一定角度的位置绘制效果图。效果图的具体绘制步骤如下。

**1** 选取合适的角度,绘制草图并完善线稿。

**2** 扫描线稿,在计算机上试色。在线稿图层上新建图层,选择正片叠底,根据所需材质,在对应的地方涂上合适的颜色。可以进行多次试色,配色时应遵循基本的色彩搭配原则。

**3** 根据确定的材质、颜色,铺设底色。

**4** 根据光源,画出各部分深色区域,重叠的部分要画出阴影。

**5** 根据光源,画出各部分浅色区域,包括高光。

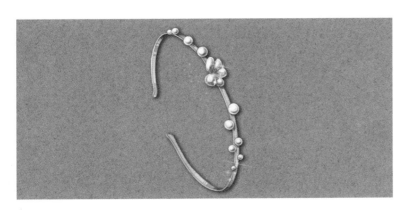

**6** 将图稿扫描进计算机。提取需要的主体部分,调整整体的对比度、色调、亮度等。调整细节、添加效果。添加效果时需注意整体光源是否合理。

## 2. 效果图实例

以几何图形为主题的发卡效果图
实例

以简约花卉为主题的发卡效果图
实例

发簪效果图实例

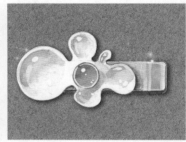
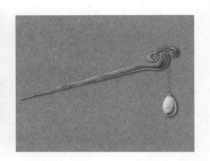

## 6.4.4　头饰的形态

　　较大的头饰的整体形态以一定的弧形为主，其具体形态与手链、项链类似。根据形态分类，较大的头饰可以分为装饰重复型和主体装饰型两类。

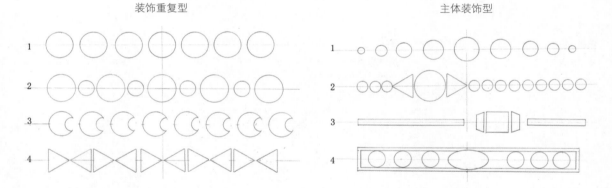

装饰重复型　　　　　　　　　　　　　　主体装饰型

　　每一种类型的头饰形态既可以直接应用，也可以相互结合或同类型叠用。

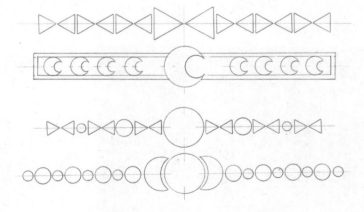

装饰重复型中的第四个形态与主体装饰型中的第二个形态结合示例效果图如下。

装饰重复型中的第三个形态与主体装饰型中的第四个形态结合示例效果图如下。

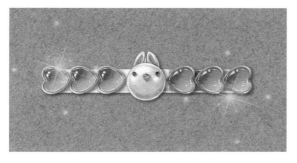

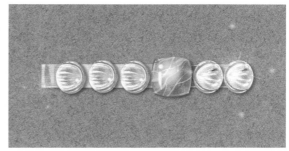

装饰重复型中的第二个形态与主体装饰型中的第二个形态结合的示例效果图如下。

装饰重复型中的第一个形态与主体装饰型中的第二个形态结合示例效果图如下。

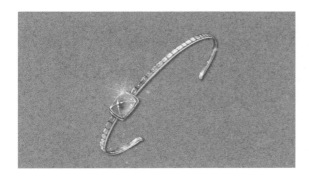

较小的头饰的整体形态与吊坠类似，也可以参照部分耳饰的形态进行绘制。在参考吊坠、耳饰时，将它们的效果图水平放置即可。较小的头饰依据形态可分为整体型和零碎型两类。

整体型

零碎型

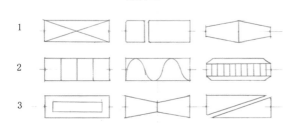

整体型第一排中的第一个形态与零碎型第三排中的第一个形态结合的示例效果图如下。

整体型第一排中的第二个形态与零碎型第一排中的第三个形态结合的示例效果图如下。

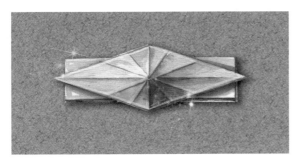

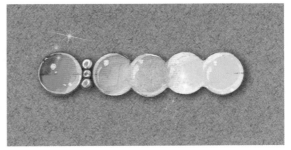

整体型第三排中的第一个形态与零碎型第三排中的第三个形态结合的示例效果图如下。

整体型第三排中的第二个形态与零碎型第一排中的第二个形态结合的示例效果图如下。

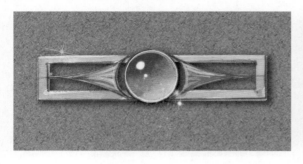

## 6.4.5　课后思考与练习

根据给出的形态设计一个发卡。

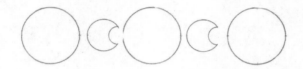

第 **7** 章

# 其他首饰设计手绘
# 实例表现

——

本章介绍胸针、袖扣、领带夹、多用款首饰的设计和绘制方法，以及
一些常见材质，介绍如树脂、木材、皮革等。多样的材质丰富了首饰的
内容，扩大了首饰的应用范围，增添了趣味。

# 7.1 胸针

## 7.1.1 胸针的结构

胸针既可作为纯粹的装饰品，又可起到固定衣服的作用，是提升整体装扮的重点。

胸针主要由主体、别针两个部分组成。主体是指位于正面的主要装饰部分，通常在整个胸针的中心位置，由主石配合副石组成，是整个胸针设计主题的体现。胸针的可塑性强，可大可小，可繁复可简洁。胸针不仅可以佩戴于胸口，还可以佩戴在领口、帽子等处。普通胸针的尺寸在 20~50mm。客户定制胸针时，如果有特殊的要求，可进行适当调整，但胸针过大或过小会不易佩戴，较难搭配。

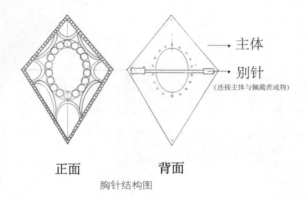

正面　　　　　　背面
胸针结构图

设计时，需要特别注意胸针上别针部分的平衡，一般将别针放在中心偏上的位置，避免出现胸针下翻或不贴合的情况。针头的位置要尽量牢固、易于佩戴。除此之外，还需注意胸针整体的外轮廓，不要过于尖锐，避免刮伤皮肤或衣物。

如今，在商业款式中，胸针常做多用款，可与吊坠或戒指等首饰相结合。这样做既可以令消费者得到更多的满足感，又可以提高定价和成交概率。

## 7.1.2 胸针的三视图

### 1. 三视图绘制详解

相对戒指而言，胸针的三视图更加简单，且只需俯视图和侧视图即可。俯视图用来表现胸针的主体形象，侧视图用来表现胸针的厚度和错落关系。一般需要配合背面图来进行展示，必要时还可以添加细节图等。

这里选取单颗主石为青金石，整体光金底的简单款式进行胸针三视图的绘制示范，裸石直径约为 9mm，镶嵌方式为顶部镶钻的珍珠镶。希望读者能够理解各个步骤，并掌握绘制方法。

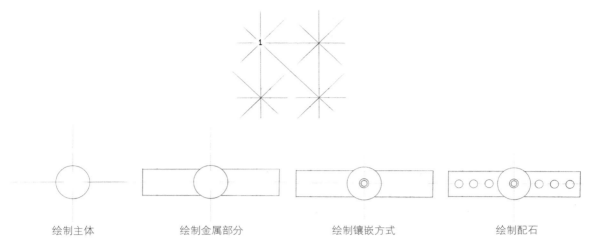

绘制主体　　　　　　绘制金属部分　　　　　　绘制镶嵌方式　　　　　　绘制配石

**1** 画出绘制三视图所需的辅助线，确定俯视图的位置并进行绘制。先画出主石；再画出金属部分，表现镶嵌方式（可视客户要求及具体情况进行取舍）；最后画出整体花形及配石，交代细节。

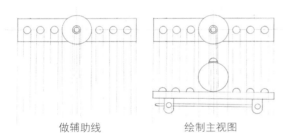

做辅助线　　　　　　绘制主视图

**2** 根据俯视图，画出主视图。做辅助线，在对应的位置画出主视图。尽量先画出确定的部分，即主石部分，金属和配石等可以根据主石和整体效果进行调整。

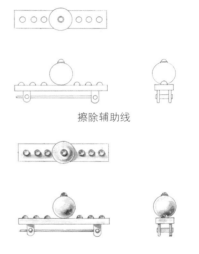

擦除辅助线

**4** 完善线稿，擦除辅助线，细化花纹和材质效果，适当做出一定的立体效果。

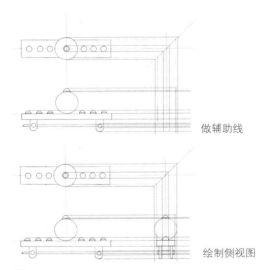

做辅助线

绘制侧视图

**3** 根据俯视图、主视图绘制侧视图。做辅助线，在对应处画出侧视图。注意被遮挡的部分。

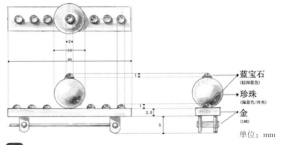

蓝宝石（较深蓝色）
珍珠（偏暖色/冷光）
金（18K）

单位：mm

**5** 标注尺寸和材质。

## 2. 背面图绘制详解

通常，由于背面图的作用是确定别针的镶嵌位置，因此它的画法比较简单。背面图可以选择手绘或使用计算机进行绘制。

手绘的步骤如下。

俯视图　　　　　　　　　　　外轮廓

 在俯视图的基础上，通过硫酸纸绘制外轮廓。

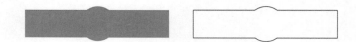 标明别针的具体位置。

计算机绘制的步骤如下。

 扫描俯视图，选取需要的部分。选取时，可以使用选区等多种工具。

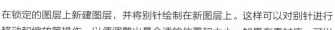 将选取的部分涂成纯色。添加图层样式并进行描边处理，选择适当的描边颜色及粗细，这里选择 5 像素的黑色线条。

 标明别针的具体位置。

---

➤➤⫸ 提示 ⫷➤➤

在锁定的图层上新建图层，并将别针绘制在新图层上。这样可以对别针进行移动和缩放等操作，以便调整出最合适的位置和大小。如果有素材库，可以直接使用素材库中的素材。

---

## 3. 三视图实例解析

比较简单的款式只需通过俯视图和侧视图就可以表现设计主题及胸针结构。

在设计的款式比较特殊或前后结构关系较复杂的时候，需要用三视图来表示胸针的结构。

**胸针的俯视图和侧视图实例**

**胸针三视图实例**

当胸针中有用三视图无法表达且比较重要的细节时，需要添加细节图。

**胸针的三视图加细节图实例**

 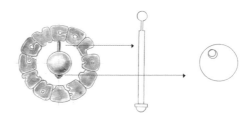

# 7.1.3 胸针的效果图

## 1. 效果图绘制详解

胸针的效果图与戒指的效果图类似，选取一个最能体现胸针的美的角度进行绘制即可。通常，会选择主视图作效果图，它可以表达胸针的设计主题和主要部分。主视图的画法与俯视图的相近，接下来讲解效果图时，选取了其他的观察角度。

**效果图的具体绘制步骤如下。**

**1** 选取合适的角度，并绘制草图，完善线稿。

**2** 扫描线稿，在计算机上试色。在线稿图层上新建图层，选择正片叠底，根据所需材质，在对应的地方涂上合适的颜色。可以进行多次试色，配色时应遵循基本的色彩搭配原则。

**3** 根据确定的材质、颜色，铺设底色。

**4** 根据光源，画出各部分深色区域。重叠的部分要画出阴影。

**5** 根据光源，画出各部分浅色区域，包括高光。

**6** 将图稿扫描进计算机。提取需要的主体部分，调整整体的对比度、色调、亮度等。调整细节、添加效果。在添加效果时注意整体光源是否合理。

## 2. 效果图实例

以植物为主题的胸针效果图实例

以动物为主题的胸针效果图实例

以昆虫为主题的胸针效果图实例

以人物为主题的胸针效果图实例

以几何图形为主题的胸针效果图实例

以物品为主题的胸针效果图实例

# 7.1.4　胸针的形态

胸针的形态较多，可分为"1"字形、"0"字形，两类形态之间可以互相结合，从而产生多种变化。在绘制部分形态时，设计师可自行对胸针形态进行延展，产生多种变化。其中，"1"字形可横戴、竖戴。竖款和横款是否可以通用，需要看别针的位置、胸针整体的平衡感等。另外，本书中的各类首饰的形态几乎都可以互相参照。

"1"字形包含的类型：上下同宽型、上宽下窄型、曲线型。

"0"字形包含的类型：圆形、椭圆形、多圆交错型。

"1"字形

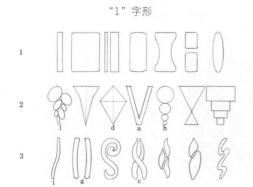

"0"字形

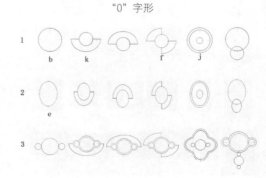

174

既可以将"1"字形与"1"字形结合，也可将"1"字形与"0"字形结合。结合后的形态为胸针的基础形态，可以对它们进行适当变形。

将"1"字形第二排中的第四个形态与"0"字形第二排中的第一个形态相结合，效果示例如下。

将"1"字形第三排中的第四个形态与"0"字形第二排中的第一个形态相结合，效果示例如下。

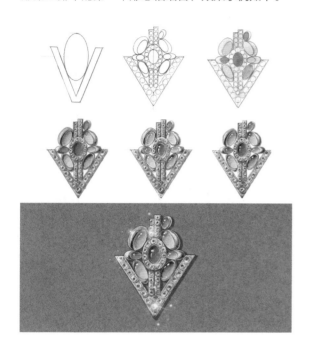

将"1"字形第二排中的第三个形态与"0"字形第二排中的第一个形态相结合，效果示例如下。

将"1"字形第二排中的第三个形态与"0"字形第一排中的第四个形态相结合，效果示例如下。

将"1"字形第三排中的第二个形态与"0"字形第二排中的第一个形态相结合，效果示例如下。

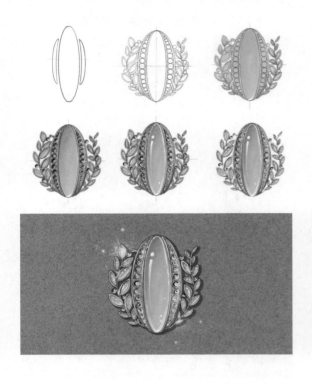

将"1"字形第二排中的第五个形态与"0"字形第一排中的第一个形态相结合，效果示例如下。

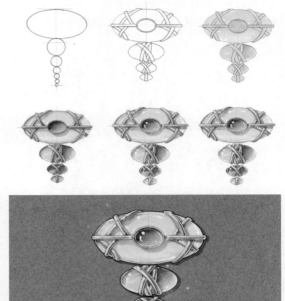

将"1"字形第三排中的第一个形态与"0"字形第一排中的第五个形态相结合，效果示例如下。

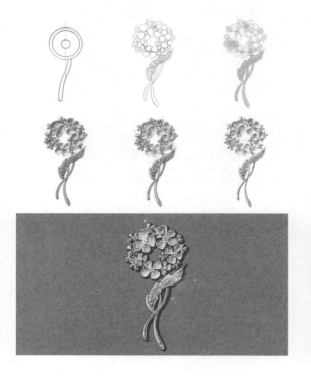

将"1"字形第二排中的第一个形态与"0"字形第一排中的第二个形态相结合，效果示例如下。

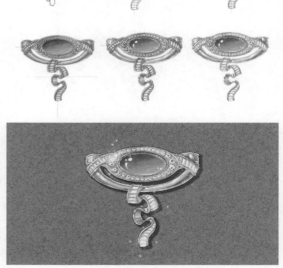

以上提到的形态的变化，不是单一、死板的，而是灵活的结构变化。根据结构的变化可以细化出更多款式。读者不但要掌握方法，而且要学会灵活地运用。

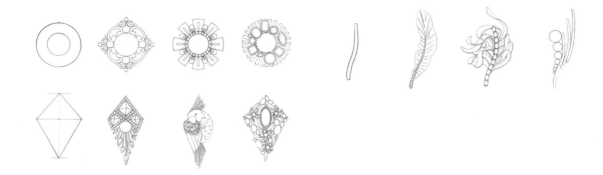

## 7.1.5　课后思考与练习

根据给出的胸针俯视图，在不考虑质量的情况下，绘制出背面的别针位置图。

## 7.2　袖扣

### 7.2.1　袖扣的结构

袖扣用于专门的袖扣衬衫上，具有替代扣子的作用，多与领带夹一起进行配套设计。袖扣的大小多与扣子相近，但相比普通扣子，袖扣更加精美，能起到很好的装饰作用。袖链的作用与袖扣相同，因其双面皆可装饰，所以深受大众的喜爱。

除一体式袖扣外，袖扣可粗略地分为主体和袖脚两大部分，袖脚是可以活动的。袖链则分为主体、袖脚和链 3 部分，主体和袖脚可以为相同或相似的设计，也可以是不同的。袖扣多为男士饰品，现代也有部分女士用袖扣装饰衣物。现代袖扣除装饰功能外，还具有实用功能，如手表与袖扣相结合，U 盘与袖扣相结合等。由于袖扣的尺寸较小，很多品牌在设计时都直接采用了 Logo 或其他标志性图案作为设计主题。

一体式　　　　　袖脚式　　　　　袖链式　　　　　旋转式

袖扣结构图

## 7.2.2　袖扣的三视图

　　袖扣多用主视图进行表达，必要时需要搭配细节图。这里选取简单的袖扣款式进行袖扣三视图的绘制示范，希望读者理解各个步骤，并掌握绘制方法。

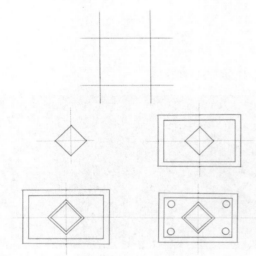

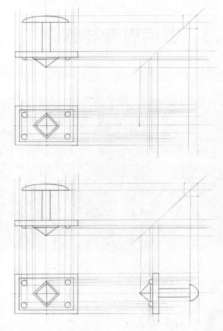

**1** 确定三视图的位置并绘制主视图。画出绘制三视图所需的辅助线，确定主视图的位置并进行绘制。先画主石，如果主视觉区内有较多主石，可以将其作为整体进行绘制。再画出金属部分，表现镶嵌方式（可视客户要求及具体情况进行取舍）。最后画出整体花形及配石，交代细节。

**3** 根据主视图和俯视图绘制侧视图。

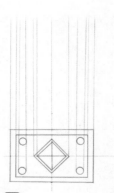

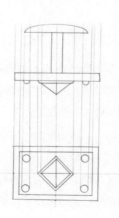

**2** 根据主视图绘制俯视图。

**4** 擦除辅助线。

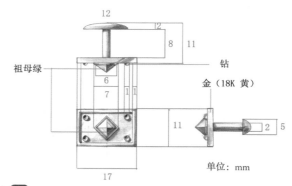

祖母绿

钻

金（18K 黄）

单位：mm

**5** 细化花纹和材质效果，适当做出一定的立体效果。

**6** 标注尺寸和材质。

# 7.2.3 袖扣的效果图

## 1. 效果图绘制详解

袖扣一般由两个相同或对称的产品组成，采用正视图做效果图，先绘制一个正视图，然后用计算机进行复制。因为正视图的绘制在三视图部分已经有具体讲解，所以这里用其他角度的视图讲解袖扣效果图的绘制步骤。

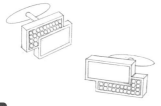

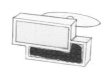

**1** 选取合适的角度，并绘制草图，完善线稿。

**2** 扫描线稿，在计算机上试色。在线稿图层上新建图层，选择正片叠底，根据所需材质，在对应的地方涂上合适的颜色。可以进行多次试色，配色时应遵循基本的色彩搭配原则。

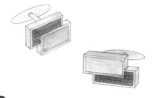

**3** 根据所需材质、颜色，铺设底色。

**4** 根据光源，画出各部分深色区域，重叠的部分要画出阴影。

**5** 根据光源，画出各部分浅色区域，包括高光。

**6** 将图稿扫描进计算机，提取需要的主体部分，调整整体的对比度、色调、亮度等。调整细节、添加效果。添加效果时注意整体光源是否合理。

## 2. 效果图实例

以植物为主题的袖扣效果图实例

以动物为主题的袖扣效果图实例

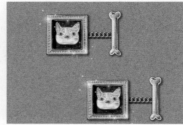

以几何图形为主题的袖扣效果图实例

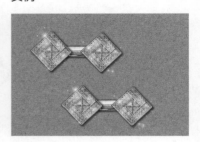

# 7.2.4 袖扣的形态

袖扣的形态较为简单。下面给出了常见的袖扣的主体结构和主体装饰的形态。

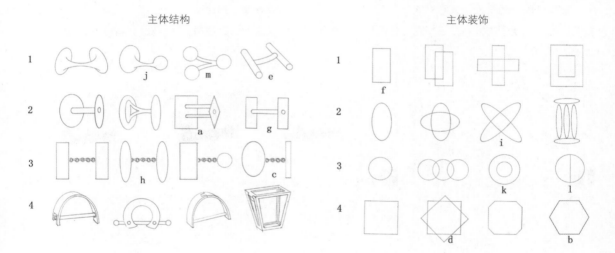

将主体结构第二排中的第三个形态与主体装饰第四排中的第四个形态相结合，效果示例如下。

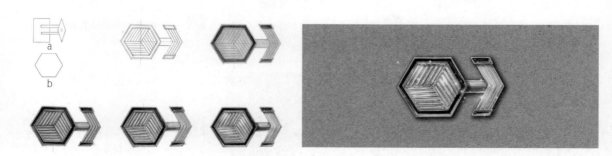

将主体结构第三排中的第四个形态与主体装饰第四排中的第二个形态相结合，效果示例如下。

将主体结构第一排中的第四个形态与主体装饰第一排中的第一个形态相结合，效果示例如下。

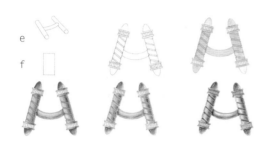

将主体结构第二排中的第四个形态与主体装饰第一排中的第一个形态相结合，效果示例如下。

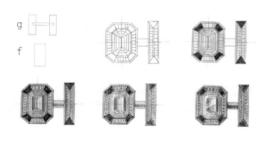

将主体结构第二排中的第三个形态与主体装饰第一排中的第一个形态相结合，效果示例如下。

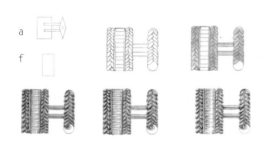

将主体结构第三排中的第二个形态与主体装饰第二排中的第三个形态相结合，效果示例如下。

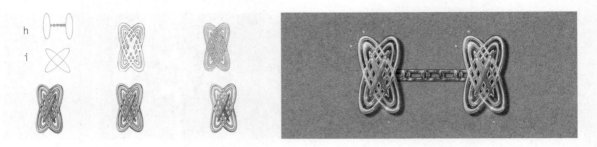

将主体结构第一排中的第二个形态与主体装饰第三排中的第三个形态相结合，效果示例如下。

将主体结构第一排中的第三个形态与主体装饰第三排中的第四个形态相结合，效果示例如下。

袖扣的形态变化图。

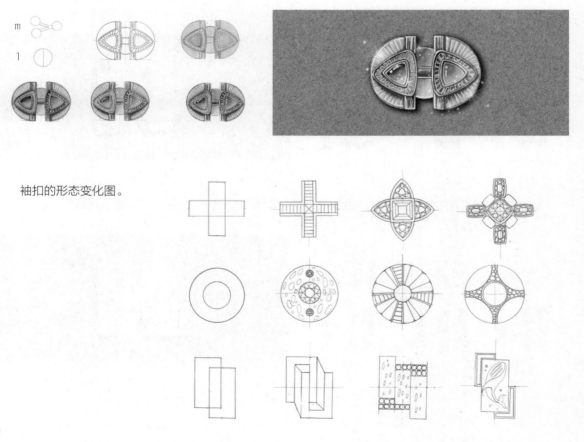

## 7.2.5　课后思考与练习

根据给出的袖扣设计一款同系列的袖链。

# 7.3　领带夹

## 7.3.1　领带夹的结构

领带夹是男士装饰品中必不可少的一部分。除装饰功能外，其主要功能是使领带保持贴身、下垂状态。领带夹通常佩戴于衬衫从上往下数的第四颗到第五颗纽扣之间。需要注意的是，领带夹一般不会暴露在外面。

领带夹由主装饰面和背面的夹子两部分组成。

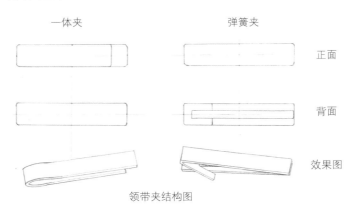

领带夹结构图

## 7.3.2　领带夹的三视图

领带夹通常只需绘制主视图、侧视图，必要时需要搭配背面图和细节图。在正式开始设计之前，应想好领带夹的佩戴形式。佩戴形式对主装饰面的设计有着一定的影响。这里选取简单的款式进行领带夹三视图的绘制示范，希望读者理解各个步骤，掌握绘制方法。

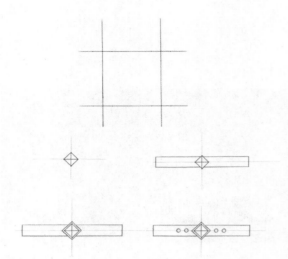

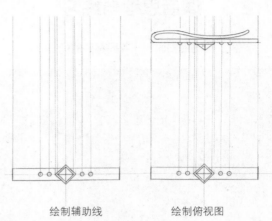

绘制辅助线       绘制俯视图

**1** 确定三视图的位置并绘制主视图。画出绘制三视图所需的辅助线,确定主视图的位置并进行绘制。先画主石,如果主视觉区内有较多的主石,可以把它们作为整体进行绘制。然后画出金属部分,表现镶嵌方式(可视客户要求及具体情况进行取舍)。最后画出整体的花形及配石,交代细节。

**2** 根据主视图绘制俯视图。

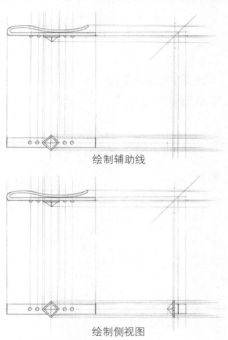

绘制辅助线

**4** 擦除辅助线。

绘制侧视图

**3** 根据主视图和俯视图绘制侧视图。

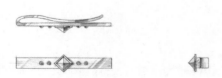

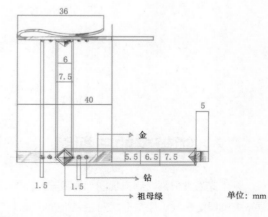

单位:mm

**5** 细化花纹和材质效果,适当做出一定的立体效果。

**6** 标注尺寸和材质。

# 7.3.3 领带夹的效果图

## 1. 效果图绘制详解

由于领带夹上的装饰集中在正面，因此用主视图可以直观地展现其效果。因为主视图的绘制在三视图部分已经有具体讲解，所以这里用其他角度的视图讲解领带夹效果图的绘制步骤。

**1** 选取合适的角度，并绘制草图，完善线稿。

**2** 扫描线稿，在计算机上试色。在线稿图层上新建图层，选择正片叠底，根据所需材质，在对应的地方涂上合适的颜色。可以进行多次试色，配色时应遵循基本的色彩搭配原则。

**3** 根据所需材质、颜色，铺设底色。

**4** 根据光源，画出各部分深色区域，重叠的部分要画出阴影。

**5** 根据光源，画出各部分浅色区域，包括高光。

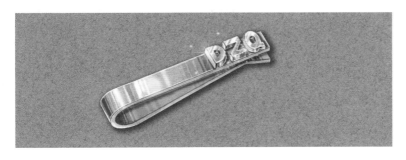

**6** 将图稿扫描进计算机，提取需要的主体部分，调整整体的对比度、色调、亮度等。调整细节、添加效果。添加效果时注意整体光源是否合理。

## 2. 效果图实例

以植物为主题的领带夹效果图实例

以动物为主题的领带夹效果图实例

以几何图形为主题的领带夹效果图实例

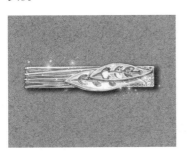 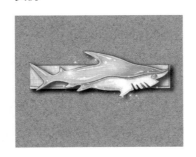 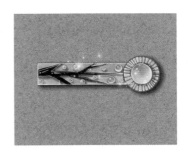

# 7.3.4 领带夹的形态

领带夹的形态较为简单。下面介绍领带夹的主装饰面的常用形态和设计思路。

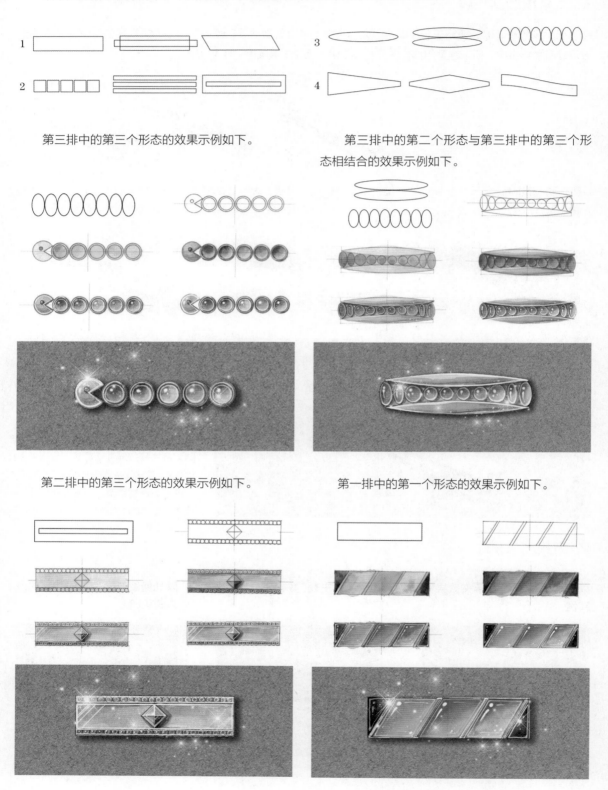

第三排中的第三个形态的效果示例如下。

第三排中的第二个形态与第三排中的第三个形态相结合的效果示例如下。

第二排中的第三个形态的效果示例如下。

第一排中的第一个形态的效果示例如下。

第四排中的第一个形态的效果示例如下。

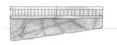

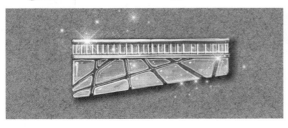

第三排中的第三个形态的效果示例如下。

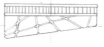

第三排中的第一个形态的效果示例如下。

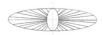

第四排中的第四个形态的效果示例如下。

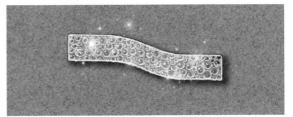

领带夹的形态变化图。

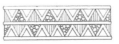

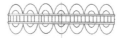

## 7.3.5　课后思考与练习

根据给出的戒指效果图，设计一款同系列的领带夹。

##  7.4　多用款首饰

### 7.4.1　多用款首饰概述

近年来多用款首饰越发流行，其主要优势是同时有利于买卖双方。对于消费者而言，可以用较低的价格买到相当于多件商品的商品；对于售卖者而言，在成本略高的基础上，获利更多。多用款首饰用途广泛，佩戴方式灵活，可以根据拥有者的喜好、穿搭及佩戴场合等情况选择佩戴方式。无论是对于年轻的时尚派，还是对于年龄稍大的实用派来说，多用款首饰都有着令人难以拒绝的购买理由。

### 7.4.2　胸针吊坠两用款

#### 1. 应用

胸针吊坠两用款首饰是多用款首饰中较简单的一种。作为吊坠时的扣头部分与作为胸针时的别针部分同时应用在同一个主体上。设计时需要留意扣头和别针的位置，着重关注整体的平衡性。

胸针正面　　　　吊坠正面　　　　主体背面

## 2. 三视图绘制详解

绘制胸吊首饰时需要添加关于佩戴方式的细节图，除此之外，其三视图的绘制步骤与前文所介绍的基本相同。

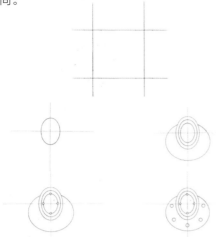

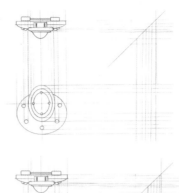

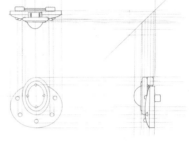

**1** 确定三视图的位置并绘制主视图。画出绘制三视图所需的辅助线，确定主视图的位置并进行绘制。先画主石，如果主视觉区内有较多主石，可以把它们作为整体来绘制。然后画出金属部分，表现镶嵌方式（可视客户要求及具体情况进行取舍）。最后画出整体花形及配石，交代细节。

**3** 根据主视图和俯视图绘制侧视图。

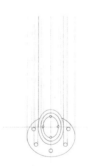

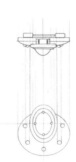

**2** 根据主视图绘制俯视图。

**4** 擦除辅助线。

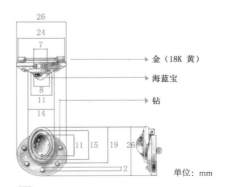

金（18K 黄）

海蓝宝

钻

单位：mm

**5** 细化花纹和材质效果，适当做出一定的立体效果。

**6** 标注尺寸和材质。

**7** 根据需要添加细节图或平面展开图。

## 3. 效果图绘制详解

　　胸吊首饰的主要展示部分为主视图的中心。胸针和吊坠的主要展示面都比较平整，对于普通款式可以直接选取正视图作为效果图的主体，然后适当调整角度、添加配件的方式进行绘制。具体绘制步骤如下。

**1** 绘制主体部分。线稿部分的详细绘制方式可参照正视图的绘制方式，上色步骤可参照前文关于效果图的绘制步骤。

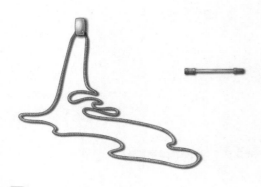

**2** 根据草图添加配件，调整角度。

**3** 拼合部件，调整整体的对比度、色调、亮度等。调整细节，添加效果、背景等。

　　选取其他视角绘制效果图时，应尽量同时表现胸针和吊坠两种首饰的效果，具体绘制步骤如下。

**1** 选取合适的角度，并绘制草图、完善线稿。

**2** 扫描线稿，在计算机上试色。在线稿图层上新建图层，选择正片叠底，根据所需材质，在对应的地方涂上合适的颜色。可以进行多次试色，配色时应遵循基本的色彩搭配原则。

**3** 根据所需材质、颜色，铺设底色。

**4** 根据光源，画出各部分深色区域，重叠的部分要画出阴影。

**5** 根据光源，画出各部分浅色区域，包括高光。

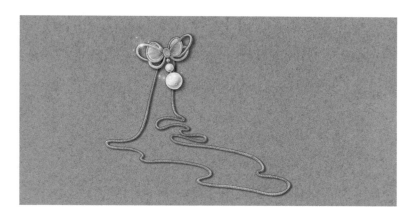

**6** 将图稿扫描进计算机，提取需要的主体部分，调整整体的对比度、色调、亮度等参数。调整细节、添加效果。添加效果时注意整体光源是否合理。

## 4. 效果图实例

以植物为主题的胸吊首饰效果图实例

以动物为主题的胸吊首饰效果图实例

以太阳为主题的胸吊首饰效果图实例

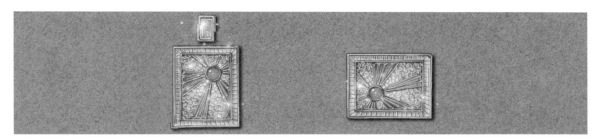

# 7.4.3 戒指吊坠两用款

## 1. 应用

以较大、较贵重的主石作为首饰的主体时，常常会将其制成戒吊两用款首饰。这种首饰作为戒指时尚大气，作为吊坠精致美观，是目前多用款首饰中较为常见、实用的一种。

戒指正面

吊坠正面

主体背面

## 2. 三视图绘制详解

  绘制戒吊首饰时需要添加表现佩戴方式的细节图，除此之外，其三视图的绘制步骤与前文介绍的大致相同。希望读者能够理解各个步骤，并掌握绘制方法。

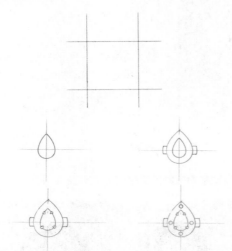

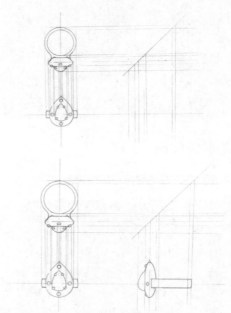

**1** 确定三视图的位置并绘制主视图。画出绘制三视图所需的辅助线，确定主视图的位置并进行绘制。先画主石，如果主视觉区内有较多主石，可以把它们作为整体来绘制。然后画出金属部分，表现镶嵌方式（可视客户要求及具体情况进行取舍）。最后画出整体花形及配石，交代细节。

**3** 根据主视图和俯视图绘制侧视图。

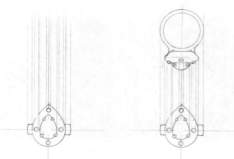

**2** 根据主视图绘制俯视图。

**4** 擦除辅助线。

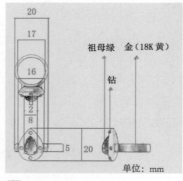

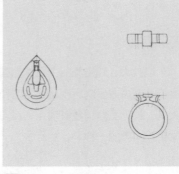

**5** 细化花纹和材质效果，适当做出一定的立体效果。

**6** 标注尺寸和材质。

**7** 主体部分连接处的简图。

## 3. 效果图绘制详解

　　吊坠和戒指的主要展示面都相对较平整，对于普通款式的戒吊首饰可以选取正视图作为效果图主体，通过适当调整角度、添加配件的方式进行绘制。具体绘制步骤如下。

**1** 绘制主体部分。

配件

调整前　　　　　　　　调整后

**2** 根据草图添加配件，调整角度。

**3** 调整整体的对比度、色调、亮度等。调整细节，添加效果、背景等。

　　其他视角的效果图的绘制步骤如下。

**1** 选取合适的角度，绘制草图，完善线稿。

**2** 扫描线稿，在计算机上试色。在线稿图层上新建图层，选择正片叠底，根据所需材质，在对应的地方涂上合适的颜色。可以进行多次试色，配色时应遵循基本的色彩搭配原则。

**3** 根据所需材质、颜色，铺设底色。

**4** 根据光源，画出各部分深色区域，重叠的部分要注意画出阴影。

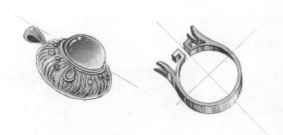 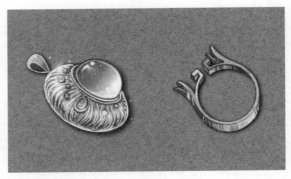

**5** 根据光源，画出各部分浅色区域，包括高光。

**6** 将图稿扫描进计算机，提取需要的主体部分，调整整体的对比度、色调、亮度等。调整细节、添加效果。添加效果时注意整体光源是否合理。

## 4. 效果图实例

以几何图形为主题的戒吊首饰效果图实例 1

以几何图形为主题的戒吊首饰效果图实例 2

 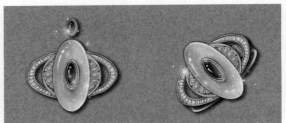

以珊瑚为主石的戒吊首饰效果图实例

# 7.4.4 手链包链两用款

## 1. 应用

　　手包两用款是近些年才开始流行的。比较精致的女生已经不再满足于对自身的装饰了，对于贵重的物品，她们也选择进行一定的美化。

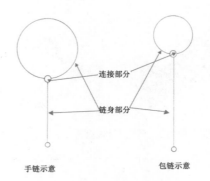

## 2. 三视图绘制详解

　　手包两用款首饰的三视图绘制方法与手链的基本相同，只需标注佩戴位置或添加佩戴位置处的细节图即可。具体绘制步骤如下。

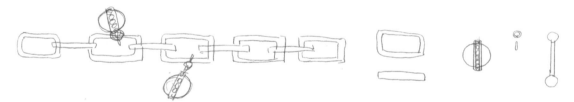

**1** 绘制草图，并对其进行分析。具体画法可参照手链部分。

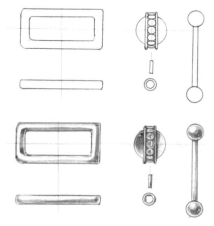

**2** 绘制主视图，画出简单的明暗变化关系。

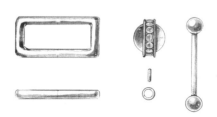

**3** 将图稿扫描进计算机并调整细节。提取需要的主体部分，调整整体的对比度、色调、亮度等。

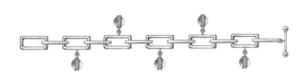

**4** 根据草图拼合部件。

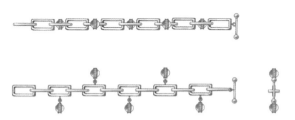

**5** 根据主视图，用相同的方法绘制俯视图、侧视图。

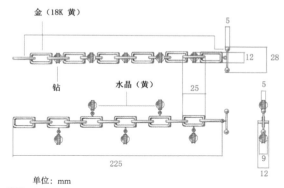

金（18K 黄）

钻　　　水晶（黄）

5　12　28　25　5　9　12

225

单位：mm

**6** 标注尺寸和材质。

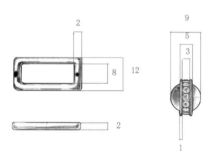

2　9　5　3　8　12　2　1

**7** 添加细节图，根据主体部分的尺寸，添加其他各部分的尺寸。

## 3. 效果图绘制详解

可直接使用正视图做拼接效果图。

**1** 绘制并分析草图。链身素材库中有,只需绘制装饰主体。

**2** 绘制装饰主体的正视图。

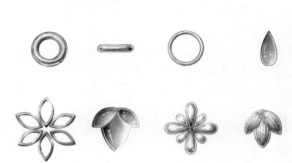

**3** 根据草图添加配件,调整角度。

**4** 调整整体的对比度、色调、亮度等。调整细节,添加效果、背景等。

选取其他视角绘制效果图时,应尽量表现出首饰多用的功能,具体绘制步骤如下。

**1** 选取合适的角度,绘制草图、完善线稿。

**2** 扫描线稿,在计算机上试色。在线稿图层上新建图层,选择正片叠底,根据所需材质,在对应的地方涂上合适的颜色。可以进行多次试色,配色时应遵循基本的色彩搭配原则。

**3** 根据所需材质、颜色,铺设底色。

**4** 根据光源,画出各部分深色区域,重叠的部分要画出阴影。

**5** 根据光源,画出各部分浅色区域,包括高光。

**6** 将图稿扫描进计算机，提取需要的主体部分，调整整体的对比度、色调、亮度等。调整细节、添加效果。添加效果时需注意整体光源是否合理。

## 4. 效果图实例

以水晶为主要材料的手包两用款首饰效果图实例

以植物为主题的手包两用款首饰效果图实例

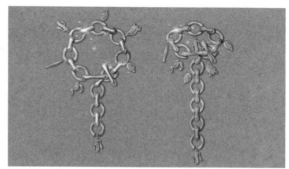

# 7.4.5 其他两用或多用款首饰

## 1. 应用

除前文提到的相对常见的两用款首饰，还有一些其他的两用款，甚至三用款首饰。例如，可以作为胸针和吊坠的表，或者可以作为头饰和颈饰的包包装饰链等。

## 2. 效果图实例

单款式多种佩戴方式的首饰的效果图实例。

以祖母绿为主石，可变换出两种样式的吊坠的效果图实例如下。

以红宝石为主石，可以变换出 3 种样式的吊坠的效果图实例如下。

以不同种类的主石为主体，通过旋转镶嵌，可以有两种佩戴效果，实例如下。

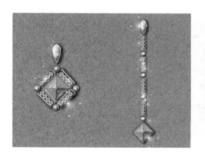

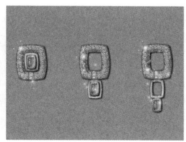

同一主体，可以通过不同的配件，变换成不同风格的同种饰品。以人物为主题、紫水晶为主石的不同风格的项链效果图实例如下。

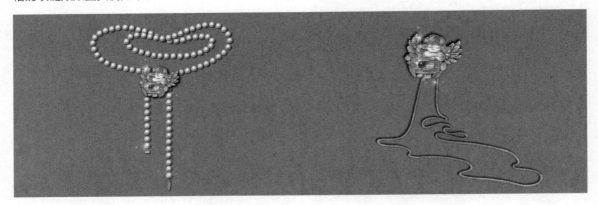

以斑彩石为主石，可作为戒指、手链的效果图实例如下。

将两个同种类饰品叠戴，可以变换出多种佩戴方式。以莎弗莱、祖母绿为主石的，两款可叠戴戒指的效果图实例如下。

一个主体有多个连接部分，可以通过不同的配件变换成多种饰品。可以作为胸针、吊坠、表的多用款首饰的效果图实例如下。

可同时做手链、手表，既可以理解为装饰性较强的手表，又可以理解为具有手表功能的手链的效果图实例如下。

可同时做手链、手表、包链的多用款首饰的效果图实例如下。

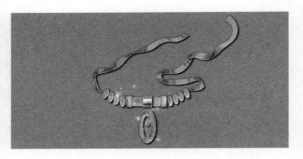

## 7.4.6　课后思考与练习

设计一件两用款的首饰。

# 7.5　其他常见材质

## 7.5.1　概述

随着科技的发展和人们对"美"这一概念的扩展，如今首饰可用的材质日益增多。在传统材质的基础上，更多灵活、有趣的物品被融入首饰的创作中。这类材质能够给人耳目一新的感觉，且成本较低、更新率较快，深受年轻人的欢迎。本章将就较为常见的材质，如绸带、树脂、木材、皮革等的绘制及应用进行简单描述。

在设计过程中可以通过这些材质拓宽设计思路。

## 7.5.2　丝绸

### 1. 应用

丝绸可直接应用于首饰设计中，多以绸带的形式作为手链、项链的替代品。丝绸相较宝石、贵金属的主要优点是质量轻、成本低、颜色丰富、使用灵活。例如，用绸带做的手链无须考虑佩戴者手的粗细，只需在合适的位置打结即可。

### 2. 绘制

丝绸主要分为半透明的和不透明的两种，绘制时注意丝绸的哑光质感与宝石的较圆润的强光之间的区别。丝绸首饰的绘制步骤与其他材质首饰绘制的基本步骤大致相同，不透明丝绸的绘制步骤如下。

**1** 选取合适的角度，绘制草图，完善线稿。　**2** 根据所需材质、颜色，铺设底色。　**3** 根据光源，画出各部分深色区域，重叠的部分要画出阴影。

**4** 根据光源，画出各部分浅色区域，包括高光。

**5** 将图稿扫描进计算机，提取需要的主体部分，调整整体的对比度、色调、亮度等。调整细节、添加效果。添加效果时需注意整体光源是否合理。

半透明丝绸的绘制步骤如下。

**1** 选取合适的角度，绘制草图、完善线稿。

**2** 根据所需材质、颜色，铺设底色。

**3** 根据光源，画出各部分深色区域，重叠的部分要画出阴影。

**4** 根据光源，画出各部分浅色区域，包括高光。

**5** 将图稿扫描进计算机，提取需要的主体部分，调整整体的对比度、色调、亮度等。调整细节、添加效果。添加效果时需注意整体光源是否合理。

## 3. 效果图实例

以丝绸为链的手表效果图实例

以丝绸和金、珍珠为主要材质的耳饰效果图实例

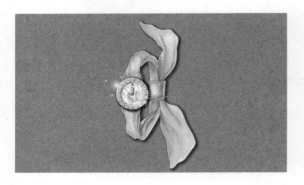

## 7.5.3 树脂

### 1. 应用

　　树脂在首饰设计中应用得较多。其主要优点是颜色透明，可以做出各种鲜艳的色彩，其质量轻、价格低，可以很好地与自然植物等材料相结合，并且能够被制作成各种形状。

### 2. 绘制

　　绘制树脂首饰时主要需要注意树脂的塑料光泽与玻璃光泽、蜡质光泽的区别。树脂首饰的绘制步骤如下。

**1** 选取合适的角度，绘制草图，完善线稿。

**2** 扫描线稿，根据所需材质、颜色，铺设底色。

**3** 根据光源，画出各部分深色区域，重叠的部分要画出阴影。

**4** 根据光源，画出各部分浅色区域，包括高光。

**5** 将图稿扫描进计算机，提取需要的主体部分，调整整体的对比度、色调、亮度等。调整细节、添加效。添加效果时需注意整体光源是否合理。

### 3. 效果图实例

以树脂为材料的耳饰效果图实例

以树脂为材料的吊坠效果图实例

以树脂为材料的胸针效果图实例

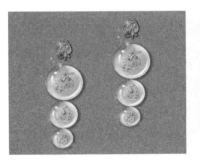

# 7.5.4 木材

## 1. 应用

　　木材不是首饰中较新颖的材质，很早就有木质的珠串、簪子等首饰，但合成木材是相对新颖的材质。木材的优点主要有天然、易得、纹路美观、易上色、易镌刻等。

## 2. 绘制

　　在绘制木材首饰时，主要需要注意，木材的纹路变化和光泽感，绘制步骤如下。

**1** 选取合适的角度，绘制草图，完善线稿。

**2** 扫描线稿，根据所需材质、颜色，铺设底色。

**3** 根据光源，画出各部分深色区域，重叠的部分要画出阴影。

**4** 根据光源，画出各部分浅色区域，包括高光。

**5** 将图稿扫描进计算机，提取需要的主体部分，调整整体的对比度、色调、亮度等。调整细节、添加效果。添加效果时需注意整体光源是否合理。

## 3. 效果图实例

**以木材为材料的吊坠效果图实例**

**以木材为材料的耳饰效果图实例**

# 7.5.5 玻璃

## 1. 应用

玻璃常作为各类宝石的仿制品，如利用玻璃仿制珊瑚等，但它们之间较易区分。通常在放大观察有色玻璃制品时，可以看到"尖灭状"的搅动痕迹，且仿制品的质量与所仿材料的很少相符。玻璃用于制作首饰时最突出的优点是透明度高、光泽度强、颜色可调配等。

## 2. 绘制

绘制玻璃首饰时，要注意体现玻璃的光泽度和通透感，具体的绘制步骤如下。

**1** 选取合适的角度，绘制草图，完善线稿。

**2** 根据所需材质、颜色，铺设底色。

**3** 根据光源，画出各部分深色区域，重叠的部分要画出阴影。

**4** 根据光源，画出各部分浅色区域，包括高光。

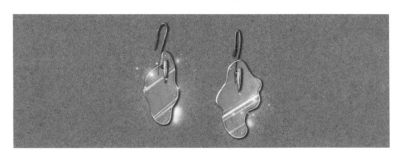

**5** 将图稿扫描进计算机，提取需要的主体部分，调整整体的对比度、色调、亮度等。调整细节、添加效果。添加效果时需注意整体光源是否合理。

## 3. 效果图实例

以玻璃为材料的吊坠效果图实例

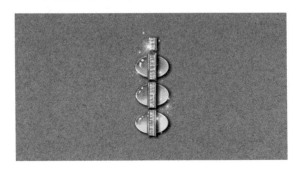

以玻璃为材料的耳饰效果图实例

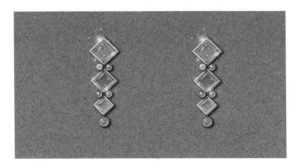

# 7.5.6 皮革

## 1. 应用

皮革的用途与丝绸的相似，多作为链的替代品。皮革分为整块皮革和皮革条编织成链两大类。

## 2. 绘制

在绘制皮革时，主要需要注意不同皮革的纹理和编绳之间的穿插关系。皮革首饰的绘制步骤如下。

**1** 选取合适的角度，绘制草图，完善线稿。

**2** 根据所需材质、颜色，铺设底色。

**3** 根据光源，画出各部分深色区域，重叠的部分要画出阴影。

**4** 根据光源，画出各部分浅色区域，包括高光。

**5** 将图稿扫描进计算机，提取需要的主体部分，调整整体的对比度、色调、亮度等。调整细节、添加效果。添加效果时需注意整体光源是否合理。

## 3. 效果图实例

以皮革为材料的耳饰效果图实例

以皮革为材料的吊坠效果图实例

# 7.5.7 课后思考与练习

将树脂、木材、花草结合，设计一个吊坠。

第 **8** 章

# 系列珠宝设计
# 手绘实训

——

系列珠宝可谓"豪华套餐"中的高配，无论它们是以套装为主还是以
主题为主，都是能够提升人物整体气质的利器。套装珠宝与主题珠宝之
间不是完全的对立关系，两者有着千丝万缕的内在联系。系列珠宝
是创作的乐趣所在，可以使人更好地体会到"生生不息"的
感觉。

# 8.1 系列珠宝设计概述

笔者将系列珠宝大致分为两类：一类是以材料为主的，形式上的系列珠宝；另一类是以主题为主的，内容上的系列珠宝。前者更注重形式上的和谐统一，后者则更看重内在联系。总而言之，两者之间有着千丝万缕的联系和不可割裂的内核，能够做到两者兼而有之的设计，才是完美的系列珠宝设计。

系列珠宝都会有其自身的设计语言，它们既可以依托同种风格，也可以依托同种工艺，由此培养一批固定的消费者。相对成熟的设计语言系列珠宝的设计语言是具有独特的品牌魅力或个人风格的。

## 8.1.1 套装首饰的设计原理

通常的套装首饰是指拥有同一主题或元素的一套首饰。女士套装首饰一般包括项链、胸针、耳饰、戒指、手链或手镯等；男士套装首饰一般包括领带夹、袖扣、手表等。

设计套装首饰时，需要注意整体感，在不偏离主要设计语言的基础上进行创作。套装首饰的配色相同或协调、材质相同或相近、设计元素基本统一、造型风格一致且相互呼应、使用的主要工艺相同等特点。

套装首饰在销售时，有着明显的优势，可以一次性售卖较多商品。即使客户在购买时未购买整套，但是他们在后期也很容易补齐整套首饰。在佩戴时，套装首饰可以更好地与服装搭配，不易出现花哨等现象。套装首饰既能满足工作、聚会等日常佩戴需求，又适用于正式的场合。

## 8.1.2 主题首饰的设计原理

主题设计的应用范围很广，深受大众喜爱，具有很广阔的发展空间和很强的品牌效应，是高端设计的大趋势，这在珠宝首饰设计中也不例外。

主题首饰设计更加注重内容上的统一，对数量的要求较为宽松，同一主题的首饰甚至可以有很多不同的设计元素。如"童话"这一主题，可以以具体的某一个童话故事为主题进行创作，可以以东方童话或西方童话的特点进行创作，还可以以对童话的整体感受进行创作。一个主题可以创作几十件甚至上百件的首饰。

主题系列首饰可以整组都是相同的品类，如整组都是戒指。

能够迅速了解、把握和应用一个品牌的设计语言，是成为一个优秀珠宝首饰设计师的关键。设计师在运用自身的设计语言时，必须使其符合所服务的品牌的调性。

**套装首饰效果图的构图**

　　以一组简单的首饰为例，介绍套装首饰效果图的构图。示例套装首饰包含两枚戒
指、4 件颈饰、5 对耳饰、5 件腕饰。

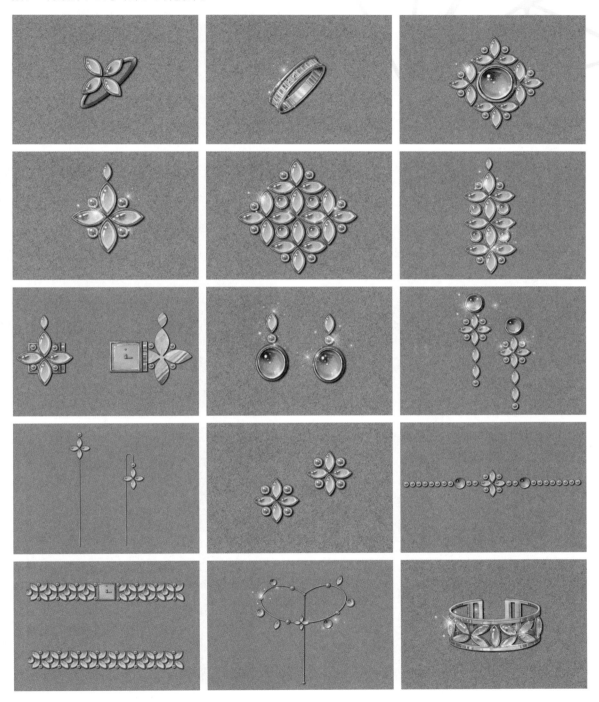

　　套装首饰由相同或相似的单件首饰组合而成，下面以首饰套装内包含的件数对首饰进行分类。通常来说，
一套首饰会由大件和小件穿插搭配，这样比较有节奏感。

## 8.2.1　两件套装

两件套装是指共有两件首饰的套装。套装首饰中只有两件首饰的情况比较少，一般是一个主件配一个小件，即"一大一小"。

 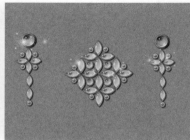 

## 8.2.2　三件套装

三件套装是指共有 3 件首饰的套装。三件套装比较常见，多为一个主件配两个小件，即"一大两小"。

也有两个主件配一个小件的情况，即"两大一小"。

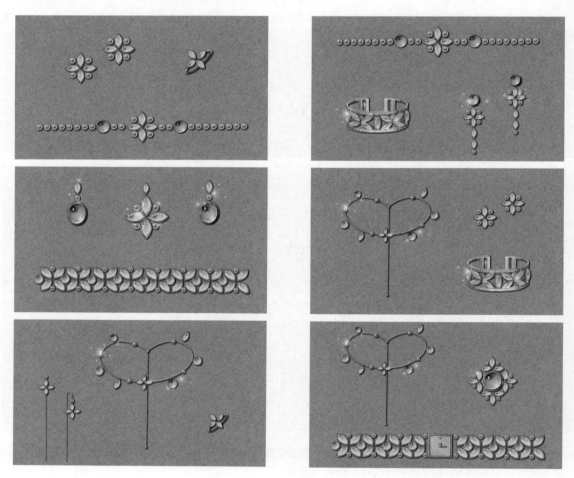

## 8.2.3　四件套装

　　四件套装是指共有 4 件首饰的套装。四件套装中的首饰大多保持在"两大两小"的平衡状态。

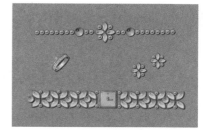

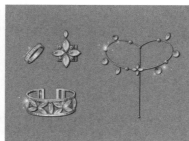

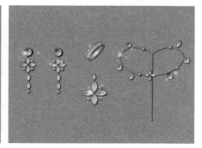

## 8.2.4　五件套装

　　五件套装是指共有 5 件首饰的套装。五件套装中的首饰一般为"两大三小"或"三大两小"。

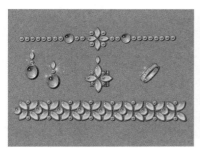

## 8.2.5　六件及以上套装

　　六件及以上套装是指共有 6 件或更多件首饰的套装。六件及以上套装比较少见，一般其中的首饰的佩戴位置都会有所重复，如手链和手镯。当耳钉和耳坠同时出现在一个套装中时，可根据不同的场合选择合适的种类。

# 8.3 套装首饰效果图绘制

## 8.3.1 效果图绘制详解

套装首饰的效果图和单件首饰的效果图的绘制方法基本相同，可以分为直接绘制和主体加配件这两种绘制方式。

直接绘制时，不同饰品上的相同颜色可同时进行填充，具体绘制步骤如下。

**1** 选取合适的角度，绘制草图，完善线稿。

**2** 扫描线稿，在计算机上试色。在线稿图层上新建图层，选择正片叠底，根据所需材质，在对应的地方涂上合适的颜色。可以进行多次试色，配色时应遵循基本的色彩搭配原则。

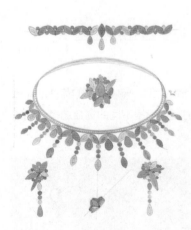

**3** 根据所需材质、颜色，铺设底色。

**4** 根据光源，画出各部分深色区域，重叠的部分要画出阴影。

**5** 根据光源，画出各部分浅色区域，包括高光。

**6** 将图稿扫描进计算机，提取需要的主体部分，调整整体的对比度、色调、亮度等。调整细节、添加效果。添加效果时需注意整体光源是否合理。

采用主体加配件的绘制方式，具体绘制步骤如下。

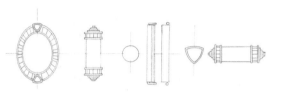

**1** 绘制并分析草图，选出重复的部分和配件，画出线稿。

**2** 根据所需材质铺设底色。

**3** 加深底色，营造立体感。

**4** 绘制亮部及高光，完善每个单独的部分。

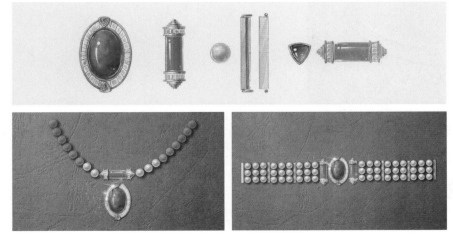

**5** 根据草图拼接出完整的饰品效果图，并适当添加背景、效果等。

# 8.3.2　效果图实例

三件套装效果图实例

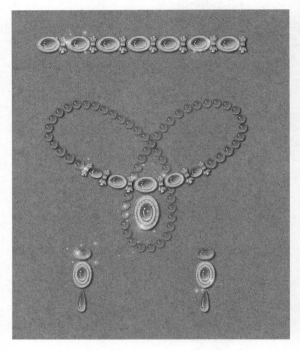

四件套装效果图实例

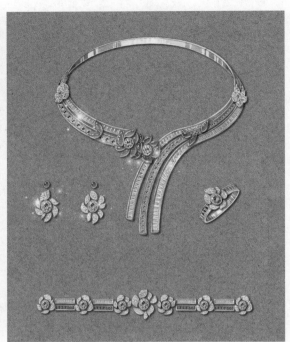

五件套装效果图实例

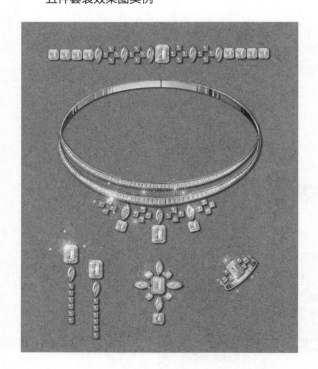

男款两件套装效果图实例

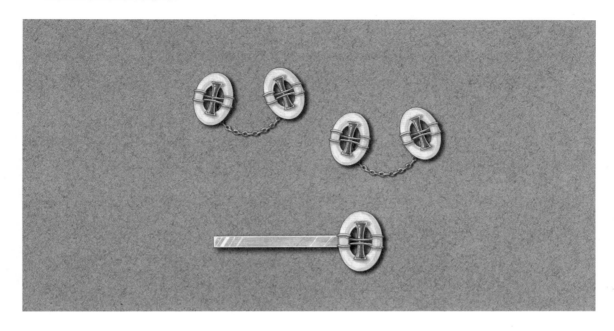

男款三件套装效果图实例

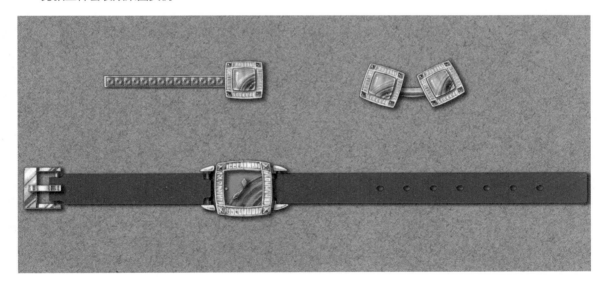

### 8.3.3 课后思考与练习

以莎弗莱、黄金为主要材料进行套装首饰的设计，并按比例找到合适的位置进行摆放。分别练习三件套装、四件套装、五件套装的摆放。

# 8.4 主题首饰的设计流程

　　主题类的珠宝首饰设计相对复杂，通常需要比较长的创作周期。一家公司产品的大主题通常是由多个部门，通过多次会议讨论商定的，以产品的商业价值或品牌形象为主，其中包含各类因素。在收到大主题后，设计部中的每位设计师都会给出不同的设计方案。如何一步步地落实自己的设计，是每位设计师的本职工作。

　　下面以"昆虫"主题为例，介绍主题首饰设计的流程。

## 8.4.1 确定设计主题

　　在"大主题"下，寻找"小主题"。

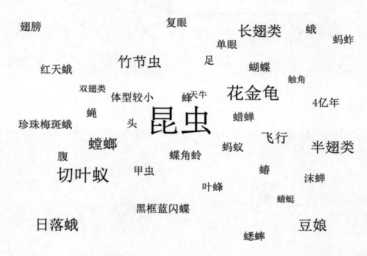

**1** 拿出一张空白的A4纸，在纸的中心写下"昆虫"两个字。围绕"昆虫"，在四周写出所有自己能想到的、与之相关的一切事物。这时，要放松身心、拓宽思路、放飞自己的想象力，可以对这个主题进行各种加工，进行一系列的联想和想象。

| 蜻蜓 | | 善变蜻蜓 |
|---|---|---|
| 蝴蝶 | | 透翅蝶 |
| | +具体品种 | |
| 蜡蝉 | | 长鼻蜡蝉 |
| 蜜蜂 | | 寄生蜂 |

**2** 整理联想的内容，找出能够延伸的小类别或相关类别，并丰富其具体内容。在脑海中进行想象和加工，找出或添加更合适的小主题。本例最终选定的昆虫为善变蜻蜓、透翅蝶、长鼻蜡蝉、寄生蜂。

## 8.4.2 选择设计素材

    收集大量与主题相关的各类信息与素材，并进行优化。注意在选择设计素材时，要清楚所需要的素材的设计用途。在临摹和模仿已有的首饰作品做练习时，需要注明素材的来源等信息。建议多以照片或生活中的物品为素材进行设计。

## 8.4.3 主题首饰效果图绘制

**1** 绘制创意草图。在绘制草图时，需要尽可能多地进行尝试，不同的风格、工艺、色彩、材质可以呈现出不一样的感觉。在无特定思路的情况下，一般可以将主体分为"完整""局部""叠加"三大类别，可以进行灵活的选择，并与不同的工艺搭配应用。这里以"完整"＋"重复"＋"珠宝感"的效果为例。

**2** 细化线稿。

**3** 确定材质，铺设底色。

**4** 加深深色部分。

**5** 提亮浅色部分。

**6** 调整细节并添加背景、效果等。

# 8.4.4　其他同主题首饰效果图实例

相同的主题可以与不同的风格、工艺等结合，从而设计出风格迥异的首饰。

完整形体加透明珐琅工艺

纯金属材质，完整形体搭配机械风格

完整形体加一笔画形式

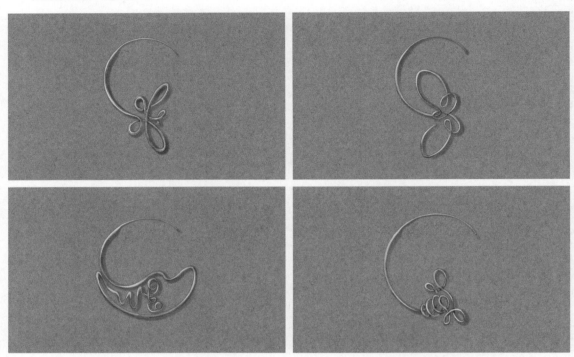

单独的局部加常用的固定形式效果图实例

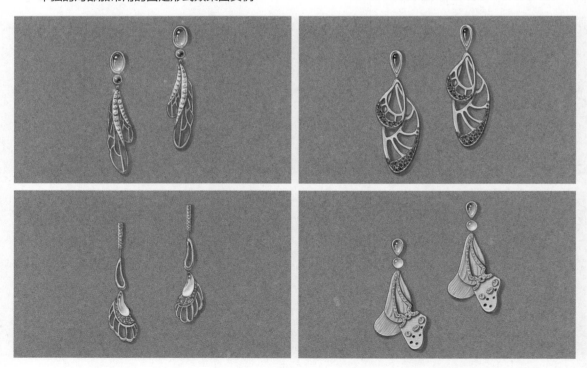

完整形体加复古风格

纯金属材质，完整形体加复古风格

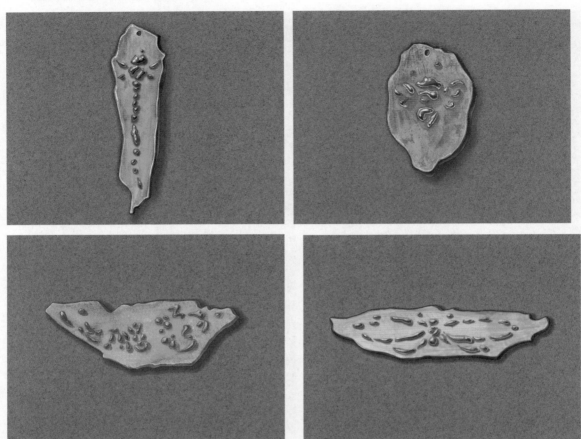

局部重复加彩宝

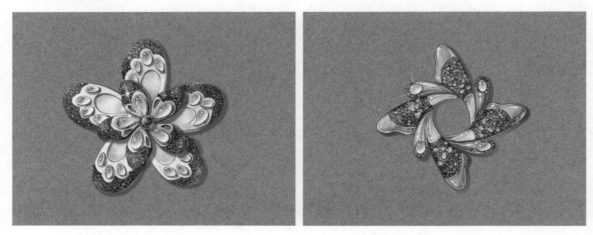

# 8.5 主题首饰设计案例解析

## 8.5.1 以插画为主题的设计案例

在使用插画作为设计元素时，涉及版权问题，因此最好可以用自己的原创插画作为设计元素。

可以直接把插画的内容用首饰的形式表现出来，例如将一组水果人物插画作为设计元素进行首饰设计，根据插画内容调整尺寸和细节即可。

插画原图如下，主题为"万物有灵"。插画的主要内容是根据水果带给人的心理感受做的一组人物设定。在水果的世界里，果子们各司其职：人美歌甜的草莓小歌星时不时举办一场音乐会，热爱自然的梨子小姐又养了几盆新花，开心果小葡萄今天表演了不同的节目，元气满满的橙子美人今天也是与阳光、沙滩和海浪为伴……万物都随着自己的本心生活着，连水果都不例外。

插画原图如下所示。

相关首饰设计如下。

**设计说明：**共设计 4 组同主题的首饰，第一组是直接将人物的头部转化为吊坠，敦实可爱；第二组是将插画中与职业相关的小部件转化为首饰，小巧精致；第三组是将每个人物代表的水果转化为胸针，简单明确；第四组是以复古小吊牌的形式添加插画内的元素，简约时尚。4 种设计运用了不同的表现形式，展现了相似的内容。

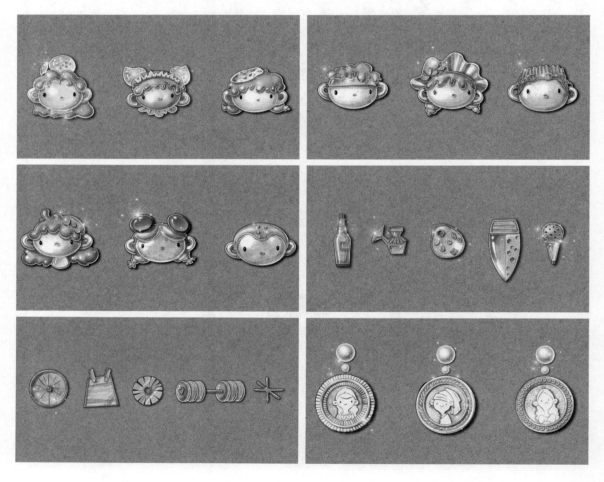

**主要材质：**金、银、多种天然宝石、珐琅。
**主要工艺：**包镶、铸造、珐琅。

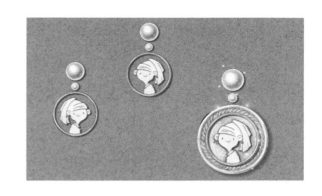

　　另一种思路是为插画中的人物、动物等形象设计首饰。以一组用油画棒绘制的小画为设计元素，进行首饰设计。这组小画源于某平台发起的"名画再创作"活动，插画师根据自身对名画的理解和感受，对原画进行了不同程度的改动。主要的改动在色调和人物造型方面，绘制工具由油画颜料改为油画棒，整体氛围更加活泼和低龄化。

**设计说明：**笔者发挥自己的"脑洞"，创作了这组小插画，并根据插画中人物的心情，为其设计了专属首饰。

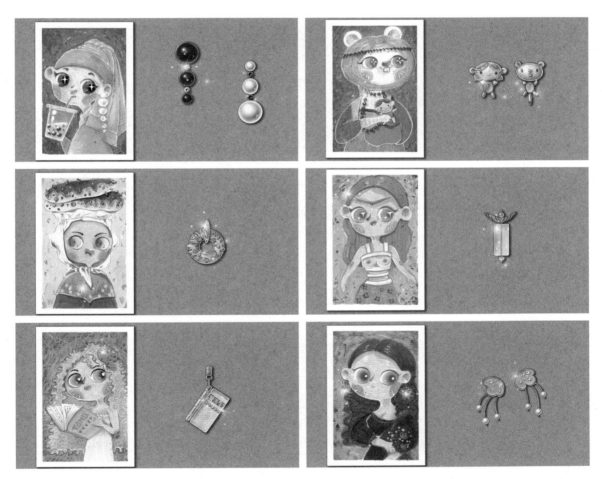

**主要材质：**金、银、祖母绿、玛瑙、珍珠、钻石、水晶、琥珀、珐琅。
**主要工艺：**錾刻、珠镶、金银错、镂空、珐琅。

## 8.5.2　以童年为主题的设计案例

　　童年是一个比较宽泛的主题，无论是模糊的感受，还是具体的小物件，都是童年的缩影。这里以小朋友的玩具为原型，设计一组饰品。饰品的结构较为灵活，可以旋转、晃动等，可玩性较高，有一定的互动性。

**设计说明：**这是一组为 3~6 岁的小朋友设计的首饰。对小朋友而言，3~6 岁是一个特殊的年纪段，他们会在这段时间内开启生命里的一段重要旅程，因此笔者设计了这组小首饰，它们由各类"玩伴"变身成"守护者"，陪伴小朋友开启新的旅程。

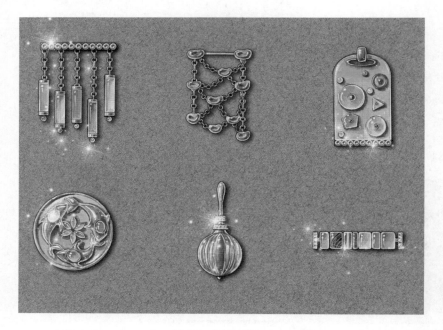

**主要材质：**金、银、水晶、钻石、橄榄石、玛瑙。

**主要工艺：**铸造、轨道镶、珠镶。

## 8.5.3　以鸟类为主题的设计案例

　　鸟类是较为常见的首饰主题，它们自身具有的鲜明色彩和特殊的形象都极具表现力，有很强的装饰性，十分利于展现珠宝的光彩与美感。

**设计说明：**这组作品是采用较为写实的手法进行创作的，主要展现了鸟类自然灵动的美感、精致巧妙的形体、五彩斑斓的羽毛。

**主要材质**: 贝壳、玛瑙、蓝宝石、珊瑚、青金石、水晶、翡翠、金、银。

**主要工艺**: 密镶、包镶、珍珠镶、爪镶。

# 8.5.4 以人物为主题的设计案例

**设计说明**: 这是一件以美人雕为主体，整体风格较为复古的首饰。美人雕是镌刻工艺中很重要的部分，它们只要安安静静地躺在腕间颈上，就能散发出喜人的光芒。

**主要材质**: 玛瑙、金。

**主要工艺**: 镌刻、喷砂、铸造。

以"手"为主题的首饰设计，即以人体的具体部分为主题。

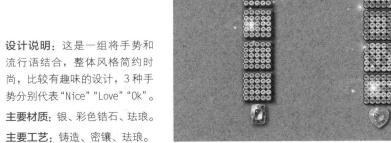

**设计说明**: 这是一组将手势和流行语结合，整体风格简约时尚，比较有趣味的设计，3种手势分别代表"Nice""Love""Ok"。

**主要材质**: 银、彩色锆石、珐琅。

**主要工艺**: 铸造、密镶、珐琅。

### 8.5.5  以天气为主题的设计案例

天气是生活中的重要部分，与人的情绪有着一定的关系。

**设计说明：** 根据天气多变的特点，设计了这组具有多种选择方案的耳饰。耳饰链接部分为固定款，主体部分为各类天气的抽象形态，可以根据不同的天气和心情进行替换。这款耳饰的特点为主题可延伸，可进行后续设计，并能促进持续消费。

**主要材质：** 金、银、彩色锆石。

**主要工艺：** 轨道镶、镀金、铸造。

### 8.5.6  以植物为主题的设计案例

植物是个大主题，相似的大主题可以包含很多小主题。如，四季、节气、森林等，它们都可以用植物进行表现。这里选取了具象的植物"凤凰花"为主题进行设计，在"凤凰花"主题下，甚至可以选择凤凰花种子破茧而出的动人时刻作为设计切入点。

耳饰。耳饰的正面为种子破茧的场景，背面满镶，体现了每颗种子的珍贵、破茧背后付出的努力，以及它们闪闪发光的未来。

项链。项链的设计与耳饰相同。下图为厦门本土的设计师创作的首饰。在设计时需要考虑周全，可适当融入本地的设计元素。

儿童手镯。儿童手镯分为婴幼儿版和低龄版。考虑到安全问题，婴幼儿版的手镯选择了偏向于整体的造型，低龄版的手镯选择了更为灵动的造型。

**主要材质：**银、钻石、珐琅料、绳。

**主要工艺：**珐琅、铸造、镀金、编绳、密镶。

# 8.5.7 以"漫游的思想"为主题的设计案例

"漫游的思想"是首饰类设计比赛规定的主题。在遇到比较虚幻的主题时，可将缥缈的词汇转化成相对具象的物品进行设计。首饰主体是用"帽子"来代表"思想"，将帽子设计成空荡荡的"笼子"形状，以此暗示思想已经"漫游"了。

**设计说明：**设计中主要将帽子和笼子这两个元素结合。用帽子代表思想，用笼子表现一种空荡荡的状态。

**主要材质：**情侣款首饰所用的材质主要为银、欧泊、蓝宝石、钻石、彩宝。

**主要工艺：**金属加工工艺以铸造为主，镶嵌工艺以轨道镶、密镶、爪镶为主。

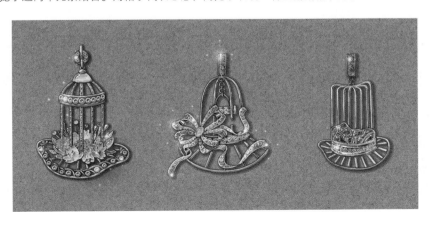

# 8.5.8　以情侣为主题的设计案例

　　情侣类的主题首饰无疑是热销产品，首饰的形式笔者将情侣类主题的归纳为两个大的设计方向，一个为"契合"，另一个为"组合"。

　　以下是以"契合"为主的设计，主要是基于"合二为一""缺一不可"来做主体设计。

设计说明：相思子，又称相思豆，这款首饰的主体形状为相思子的叶子，连接部分用红玛瑙仿制相思子种子。男款采用镂空的工艺，抠出的部分就是用于制作女款首饰。

设计说明："比翼齐飞"用来形容恩爱夫妻、朝夕相伴。设计的主体采用了蝴蝶翅膀的标本，以银边包镶。男款的外形较方正，女款的外形较圆润。

主要材质：红玛瑙、银。

主要工艺：镂空、錾刻、包镶。

主要材质：标本、银。

主要工艺：包镶。

　　以下是以"组合"为主的设计。设计时可参照一些众所周知的组合作为设计素材，如兔子和胡萝卜、薯条和汉堡、吉他和拨片、鳄鱼和牙签鸟等。

　　亲子类首饰是情侣类首饰的延伸，可以将其理解为情侣款和儿童款的组合，其设计重点是在满足用户各自的需求的同时，一定要注重首饰的整体性。以下这款设计以相同的符号为主要关联点，该符号采用了父母和宝宝姓氏的首字母的变形，均为手链，整体性较强。为满足各自的需求，儿童款的手链为珠串材质，父母款的手链为金属材质，并且对于父母的手链选取了他们各自喜爱的颜色为主石色。

**设计说明：** 小朋友是父母共同孕育的新生命，也是有别于父母，具有无限可能的个体。设计的主体符号是由亲子三人姓氏的首字母"X""Q""X"变形得来的，手链外形类似 DNA 链，强调了生命间的关联和延续。儿童款手链在主石颜色的选取上没有遵循"蓝"加"黄"得到"绿"的定律，而是选择了留白，表达了父母开放的教育观念和对孩子的期待。

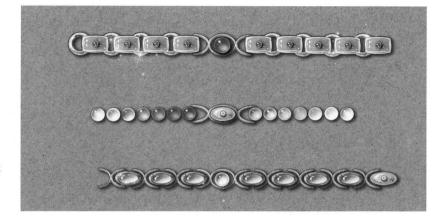

**主要材质：** 金、银、蓝宝石、黄水晶、钻石。

**主要工艺：** 金属加工工艺主要为铸造，镶嵌工艺主要为珠镶、包镶。

闺蜜款首饰的设计与情侣款的相似，需要注意的是该类首饰通常为女款，因此样式更加精致、柔美。

**设计说明：** 这是一款定制的首饰，根据 3 人的姓氏的首字母设计手链的主体，与主体字母外形相似的 3 个几何形体分别代表了不同的人。在主体相同的情况下，分别在 3 个形状上镶嵌不同的宝石，以作区分。为满足 3 人不同的手围，采用了链式与调节球的连接方式，手链的尾坠为数字"9"，代表 3 人已相识 9 年。

**主要材质：** 金、紫水晶、芙蓉石、橄榄石。

**主要工艺：** 铸造、包镶。

闺蜜款也可以用具有一定特殊寓意的动物、植物的形态来表达主题，如并蒂莲。

**设计说明：** 并蒂莲，茎秆一枝，花开两朵，同生、同心、同根，象征难以分割的深厚情感。两朵娇花各有春秋，一支气质高雅，一支简单夺目。根据姐妹两人的不同性格用同一结构、不同风格设计了两款"并蒂莲"首饰。

**主要材质：** 金、珐琅。

**主要工艺：** 镂空、珐琅。

# 8.5.9 以蝴蝶结为主题的设计案例

蝴蝶结是首饰设计中常用的主题，出现频率颇高。本小节主要用各种不同的形状的蝴蝶结来表现主题。

**设计说明**：蝴蝶结、鲜花、毛绒玩具等大都是女孩儿十分喜爱的物件。

主要材质：水晶、蓝宝石、祖母绿、橄榄石、海蓝宝石、
石榴石、钻石。
主要工艺：珐琅、轨道镶。

主要材质：银、钻石、欧泊。
主要工艺：爪镶、包镶。

主要材质：金、钻石。
主要工艺：镂空、密镶、轨道镶。

主要材质：金、红宝石。
主要工艺：珐琅、丝光抛光、密镶。

# 8.5.10 以四季为主题的设计案例

四季是一个相对抽象的大主题，这里分别叠加"花卉""色彩""文字"这 3 个小主题进行创作。

**设计说明**：花卉款首饰以树脂作为主要材料，加入各个季节的代表花卉及其叶片，制成可用于首佩戴的首饰，制作过程简单，成品价格亲民。在连接扣的地方用了各个季节花卉的颜色，首饰整体上色彩鲜艳、主题明确。色彩款首饰的主体采用了颜色渐变的形式，强调四季逐渐转变的柔和感。文字款首饰在文字部件中加入了颜色与季节相匹配的宝石，如"夏"中的日光石。

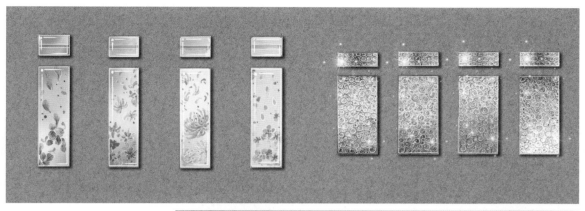

**主要材质**：树脂、花卉、橄榄石、日光石、海蓝宝石、锆石、金等。

**主要工艺**：密镶、包镶、铸造。

# 8.5.11　以节日为主题的设计案例

选取外来节日"万圣节"作为案例主题，案例的整体制作符合快消品的定位。

**设计说明**：从插画中提炼基础造型，进行"饰品化"改造。去掉绘画中过于复杂的部分，修整整体造型，考虑成本、材质、工艺等方面的需求与限制，对插画内容进行再创造。以"万圣节"形象为主，用较为统一的形式做一组小胸针。

**主要材质**：银、锆石。

**主要工艺**：包镶、铸造、电镀。

## 8.5.12　综合性造型设计案例

　　在设计时，经常会有多种元素汇聚在一起的情况，此时要注意让各个元素和谐搭配，可以以一种材质、主体或工艺为主，这样即使造型是综合性的，也会有较为突出的表现力。常见的搭配案例有花与鸟、水与鱼等。

　　**示例：花卉与蝴蝶、海马与气泡**

**设计说明：**以花卉为主体时，通常可搭配虫、鱼、鸟等小而灵动的生物，既不影响主体，又可增添趣味性。颜色多配同色系，如粉花配红蝶；也可用对比色，如红花配翠鸟。这款设计整体风格偏复古，在金工的工艺上加入了丝光抛光和滚珠边工艺。

**设计说明：**海马款式以海马为主体，以气泡作装饰。海马为小型海洋动物，可搭配的元素主要与海洋相关，贝壳、气泡、海水等都可尝试与之搭配。

**主要材质：**金、珊瑚雕件、红宝石。

**主要工艺：**镶嵌、丝光抛光、滚珠边等。

**主要材质：**金、海蓝宝石、蓝宝石、珍珠。

**主要工艺：**包镶、爪镶、珍珠镶、铸造、磨砂。

## 8.6　课后思考与练习

　　以"海洋"为主题设计一套首饰，材料和工艺不限。